APA, MLA y ML

TÉCNICAS DE INVESTIGACIÓN DOCUMENTAL

Manual para la elaboración de tesis, monografías, ensayos e informes académicos

YOLANDA JURADO ROJAS

THOMSON

Australia • Brasil • Canadá • España • Estados Unidos • México • Reino Unido • Singapur

THOMSON

Técnicas de investigación documental
Yolanda Jurado Rojas

Vicepresidente editorial y de producción:
Miguel Ángel Toledo Castellanos

Editora de desarrollo:
Lilia Moreno Olvera

Gerente de producción:
René Garay Argueta

Editora de producción:
Alma Castrejón Alcocer

Supervisora de manufactura:
Claudia Calderón Valderrama

Diseño de portada:
Daniel Aguilar Bolaños

Impreso en México
Printed in Mexico
1 2 3 4 04 03 02

Para mayor información contáctenos a:
Séneca 53
Col. Polanco
México, D. F. 11560

Puede visitar nuestro sitio Web en
http://www.thomsonlearning.com.mx

Datos para catalogación bibliográfica:
Jurado Rojas, Yolanda.
Técnicas de investigación documental
ISBN: 970-686-245-5
1. Técnicas de investigación documental. 2. Aspectos metodológicos. Sistemas de información. Selección del tema. Técnicas de investigación documental. Redacción de un informe académico. Modelo editorial de la asociación americana de psicología. Modelo editorial de la asociación de lenguas modernas. Modelo editorial latino.

División Iberoamericana

México y América Central:
Thomson
Séneca 53
Col. Polanco
México, D.F. 11560
Tel. 52 (55) 52 81 29 06
Fax 52 (55) 52 81 26 56
editor@thomsonlearning.com.mx

Pacto Andino:
Thomson
Calle 39 No. 24-09
La Soledad
Bogotá, Colombia
Tel (571) 340-9470
Fax (571 340-9475
clithomson@andinet.com

Cono Sur:
Thomson
Pasaje Santa Rosa 5141
1414 Capital Federal
Buenos Aires, Argentina
Tel (5411)4833-3838
Fax (5411)4831-3883
thomson@thomsonlearning.com.ar

El Caribe:
Thomson
Home Mortgage Plaza 268
Ponce de León A Suite 510,
5th floor Hato Rey, Puerto Rico
Tel (787)758-7580
Fax (787)758-7573
thomson@coqui.net

España:
Thomson Paraninfo
Calle Magallanes 25
28015 Madrid, España
Tel 34 (0)91 446-3350
Fax 34 (0)91 445-6218
clientes@paraninfo.es

Agradecimientos

En primer lugar a Dios, por la oportunidad de esta edición.

También quiero expresar mi agradecimiento a aquellas personas que me apoyaron y animaron para que realizara este trabajo: al Mtro.

Job César Romero Reyes, Mtra. Alejandra Ponce (UMAD), Mtro. José Gpe. Sánchez Aviña y la Mtra. Rita Fernández (UDLA).

A mis alumnos por su colaboración, especialmente a Priscila Aguilar y Nora Ramírez.

Al Mtro. Martín Sánchez Camargo.

Un agradecimiento especial a Fátima, Dafne y Berenice, mis hijas, que han sido mi motivo de vida.

Contenido

> La intención de la ciencia y el resultado de la investigación científica, son obtener conocimientos y controlar algunas partes del Universo. Ahora bien, ninguno de los objetos o fenómenos es tan sencillo que pueda ser considerado o abarcado en su totalidad. Los eventos naturales son casi siempre demasiado complejos como para que podamos comprenderlos o estudiarlos en todos sus aspectos. Abstraemos o singularizamos determinadas variables del complejo para su estudio. Al hacer esta abstracción construimos desde el principio un modelo idealizado del objeto o evento en estudio, es decir, sustituimos las partes del universo que estamos estudiando por un modelo de estructura similar, pero más sencilla. Esto significa que los hechos científicos son modelos de los reales.
>
> (Arturo Rosenblueth, *El método científico, p. 71)*

Advertencia

Las técnicas de la investigación documental nace de la necesidad de ayudar a los estudiantes a organizar sus referencias bibliográficas.

El libro está concebido para poder usarse en forma autodidacta, y resulta útil para el curso seminario de tesis, así como para quienes preparan trabajos monográficos de investigación, ensayo o tesis de licenciaturas o maestría. Nada impide usar este volumen como material de apoyo en las materias de *metodología de la investigación y redacción.* Con este motivo se incluye un ejemplo de los modelos de la Asociación Americana de Psicología (APA) y la Asociación de Lenguas Modernas (MLA) y el modelo de citación, que en adelante denominaremos "latino" (ML), frecuentemente utilizado en las universidades mexicanas.

Prólogo

Asociado con la gran revolución científica y tecnológica, en estos últimos tiempos de globalización vivimos un cambio de paradigma en los modos de explicar y comprender la realidad que ya no es lo dado sino lo construido en la interacción del estudioso y el fenómeno investigado; del mismo modo, las comunidades científicas y académicas, estimuladas por el uso de la computadora y demás rudimentos tecnológicos, se ponen de acuerdo, con dificultades, para mejorar las estrategias para la construcción de discursos científicos que respondan a las necesidades de una comunidad científica mundial para facilitar la circulación del conocimiento por los diferentes medios de acceso a la cultura.

En esta dinámica es común hallar en el mercado editorial, publicaciones que invitan a colaborar a sus lectores, si éstos, además de proponer un trabajo de alto nivel, cumplen el requisito de presentar en determinado formato su texto. De otro modo, tal trabajo corre el riesgo de rechazarse. Algo parecido ocurre en revistas electrónicas o virtuales en las que se enumeran las características del formato que el autor debe cubrir para ser publicado en ese medio.

Sin embargo, lo más notorio es que tanto en publicaciones impresas como en electrónicas o virtuales encontramos enormes diferencias en los formatos que los editores proponen para la publicación de dichos textos. Pocos son los que tienen fundamento en un modelo convencional determinado; muchos, resultan ser sumamente subjetivos en la medida de que exigen cumplir criterios de los que se desconoce el soporte o la fuente. Las diferentes comunidades académicas y científicas que conviven en las universidades y demás centros educativos, han desarrollado y propuesto como modelos a seguir, una serie de requisitos formales para la presentación de trabajos escritos.

En nuestro país hay una tendencia a la adaptación confusa de modelos que durante mucho tiempo han sido ajenos a nuestro modos de construir el discurso en la comunidad científica nacional. Escasamente en México se usa el modelo editorial AMA, el Chicago o el *Turabian*, aunque haya una tendencia a la incorporación de los modelos de la Asociación Americana de Psicología (APA, por sus siglas en inglés) y Asociación Moderna de lenguas (MLA, por sus siglas en inglés). Este último se generaliza paulatinamente no sólo como lo sugiere la misma MLA para los ámbitos de literatura, artes y humanidades, sino que se llega a combinar con las convenciones del APA. Peor aún es que uno o ambos modelos se combinen con el modelo tradicional o filológico que durante mucho tiempo se ha utilizado en nuestro país por influencia de la comunidad científica española.

El libro de Yolanda Jurado Rojas, *Las técnicas de la investigación documental,* es una aportación formidable en nuestro medio académico en el que es perceptible un apetito por encontrar materiales que resuelvan las dudas de investigadores, docentes y estudiantes que se ven obligados cada vez más a hacer uso, ya no sólo del modelo tradicional o filológico, que la autora denomina Modelo Latino sino del estilo moderno de citación que sugiere la adaptación de los modelos APA y MLA en nuestro idioma.

Este libro resulta útil para las instituciones que promueven investigación de alto nivel, y que pretenden formar profesionistas que conozcan y dominen las tendencias actuales en la producción y difusión del discurso científico y académico. Resulta una adaptación novedosa porque no sólo se limita a traducir literalmente el texto de los originales en inglés, sino que con un afán didáctico integra ejemplos en español; además, hay notables muestras en las que el lector puede comprender en la construcción de un texto en específico el uso de los modelos que aquí se despliegan: el MLA, el APA y ML. Este manual es necesario para orientar los aspectos genéricos para el uso de los modelos y decidir las distintas opciones que presenta la norma; asimismo, también es necesario para adaptarla a los requerimientos de la comunidad académica de nuestro país.

Mtro. Martín Sánchez Camargo
Universidad de las Américas-Puebla

Presentación

El propósito de este manual es proporcionar a quien cursa los estudios universitarios, un material que le sirva de consulta en el momento de elaborar trabajos académicos. Para lograr este objetivo se lo ha diseñado con base en las siguientes secciones, lo cual obedece a una secuencia lógica

1. Aspectos metodológicos
2. Fuentes de información
3. La selección del tema
4. Técnicas de investigación documental
5. La redacción del informe académico
6. Modelo editorial de la Asociación Americana de Psicología (APA)
7. Modelo editorial de la Asociación Moderna de Lenguas (MLA)
8. Modelo editorial latino (ML)
9. Cuaderno de ejercicios

Estudiar la metodología de la investigación, en especial la de las ciencias económicas y sociales, implica realizar varias años de lectura. Pero analizar una parte de ella, la que corresponde a las técnicas de investigación, puede ser una tarea más o menos fácil, si se practica. Este manual se ocupa de esas fases y pone especial cuidado en los requerimientos de la investigación bibliográfica, en el contexto de la investigación documental.

Además, incluye un cuaderno de ejercicios que sirve de apoyo a los contenidos y permite practicar algunos de los problemas más frecuentes durante la investigación. Conviene destacar que este compendio está concebido como un instrumento de consulta, por lo cual es recomendable que al principio el usuario conozca, de manera general, el contenido del libro y después pueda usarlo para resolver sus dudas en lo que respecta a la forma de citar textualmente un documento, ya sea bibliográfico, hemerográfico o electrónico. Este trabajo puede servir de guía a todo aquel que desee cumplir con una tarea intelectual y constituye un instrumento útil durante el quehacer académico.

Introducción

En los últimos diez años los cursos sobre métodos y modelos de investigación han adquirido notable importancia en los planes de estudio de las universidades nacionales. Tan es así que es probable que en la mayoría de las licenciaturas se impartan. Su incremento es reflejo de la creciente necesidad de implantar nuevos programas que ayuden a orientar con mayor precisión a estudiantes y a aquellos que deben presentar las tesis y ya han realizado su investigación y se encuentran en proceso de elaboración del informe final.

Las distintas disciplinas académicas utilizan su propio estilo editorial para las citar las fuentes y las obras mencionadas en una investigación. Actualmente existen tres modelos que se utilizan constantemente en las tesis de licenciatura y de maestría de las universidades mexicanas. Dos son de origen norteamericano: el de la Asociación Americana de Psicología (APA) el de la Asociación de Lenguas Modernas (MLA), y el "latino" (ML)*; que no cuenta con un documento que sistematice su uso. Por esta razón, en nuestro país existen varias modalidades de notas a pie de página.

El presente manual propone al estudiante universitario tres modelos editoriales: APA, MLA y ML, en los cuales se describe la forma de presentar el informe académico. Por lo tanto, explica cómo dar información en el cuerpo del trabajo sobre cualquier material impreso; contiene indicaciones para documentar fuentes electrónicas, Internet, video, radio, etcétera y se presentan tres ejemplos de informes académicos de cada uno de dichos modelos. Es recomendable que quien se inicia en la investigación documental respete cada uno de los pasos a fin de lograr, con la práctica, una sólida base para la presentación del informe final.

La adaptación y traducción de los estilos APA y MLA al español se ha realizado de acuerdo con el manual *Research and Documentation in the Electronic Age* (1998) revisado por Diana Hacker. Además, se han consultado los compendios *MLA Handbook for Writers of Research Papers* 4a. edición 1999 y el *Manual of the American Psychological Association*, 2a. reimpresión, 4a. ed., 1995, así como consultar la página World Wide Web: *Electronic Reference Formats Recommended by the American Psychological Association.* Para la realización del modelo latino se tomó como base el estilo de citación Chicago-Stile Footnotes or Endnotes, de *The Chicago Manual of Stile* 14, ed. 1999.

---

*ML, llamado así por la autora.

El tema de este último apartado ha sido motivo para consultar varios autores: Carlos Boch García, *La técnica de investigación documental*, 5a. ed. México, UNAM, 1974; Roberto Ruiz Zavala, *El Libro y sus orillas*, 2a. reimpresión y tercera edición, México, UNAM, 1998; Ario Garza Mercado, *Normas de estilo bibliográfico para ensayos semestrales y tesis*, México: Colegio de México, 1995; Irma Munguía Zaratain y José Manuel Salcedo Aquino, *Redacción e Investigación Documental*, México, Universidad Pedagógica Nacional, 1988.

Es necesario aclarar que se han cambiado los datos de la mayoría de las referencias bibliográficas. En los casos raros en que no hemos podido conseguir una ficha con datos muy especializados, se ha conservado el ejemplo de los manuales originales. Este compendio traza un camino técnico, al margen de teorías.

Capítulo 1

Aspectos metodológicos

Objetivo

Que el estudiante conozca que la metodología es parte esencial en el proceso de la investigación.

Importancia del método

En términos generales, el método es un medio para alcanzar un objetivo, pero cuando recibe la denominación de científico, implica la descripción y predicción de un fenómeno en estudio y su esencia es obtener con mayor facilidad un conocimiento exacto y riguroso sobre el mismo. La metodología es el conocimiento del método o, como dice Pardinas, "es el estudio del método". El investigador que aplica un método economiza esfuerzos y tiempo. Las formas en que se investiga, cómo se recolectan los datos, se ordenan y se clasifican requieren de un método, el cual, según Herman Max, es:

> ...el procedimiento ordenado que se sigue para establecer lo significativo de los hechos y fenómenos hacia los cuales se dirige el interés científico, y para hallar y enseñar lo que en materia de ciencia se identifica como el método y viceversa; y en realidad, sin método no puede haber ciencia... Sólo una investigación llevada a cabo en forma metódica nos puede proporcionar claros conceptos de la cosas, hechos y fenómenos...[1]

Cada disciplina científica tiene su propio y específico método y técnica de trabajo de acuerdo con su área. Entre los métodos de la investigación económica y social podemos mencionar los siguientes:

Método analítico

Entendemos por análisis la descomposición de un todo en sus elementos. Por lo tanto, podemos decir que es la observación y examen de hechos. Este método distingue los elementos de un fenómeno y permite revisar ordenadamente cada uno de ellos por separado, como lo hace la física, la química y la biología, disciplinas que lo aplican, para luego, a partir de él y de la experimentación de un gran número de casos, establecer leyes universales.

Para llevar a cabo una investigación analítica, el especialista tiene que cubrir sistemáticamente varias fases de manera continua:

1. Observación
2. Descripción
3. Examen crítico

[1] **Hermann Max.** *Investigación Económica, su Metodología y su Técnica*, 2a. ed., México, Fondo de Cultura Económica, 1965, p. 31.

4. Descomposición del fenómeno
5. Enumeración de sus partes
6. Ordenación
7. Clasificación

Una vez dados estos pasos se puede seguir adelante y explicar el fenómeno, hacer comparaciones y establecer relaciones. Un ejemplo de este método lo encontramos en los experimentos que realizó Pavlov para estudiar los reflejos condicionados.

Método sintético

La síntesis es la meta y resultado final del análisis. No es propiamente un método de investigación, sino más bien una operación fundamental del espíritu, por medio de la cual logramos la compresión cabal de la esencia de lo que hemos conocido en todos sus componentes particulares, es decir, a partir del análisis.

La síntesis no es más que la meta y el resultado final del análisis, por lo que podemos decir que, en la práctica, ambos son complementarios. Este proceso relaciona hechos aparentemente aislados y formula una teoría que unifica los diversos elementos. Por ejemplo, el historiador que realiza investigación documental y de campo acerca de una comunidad e integra todos los acontecimientos de determinada época, está aplicando el método sintético.

Método inductivo

La inducción asciende de lo particular a lo general. Es decir, empleamos este método cuando observamos hechos particulares y obtenemos proposiciones generales. Ello significa que es un proceso mediante el cual, a partir del estudio de casos particulares, se obtienen conclusiones o leyes universales que explican o relacionan los fenómenos estudiados. Por ejemplo, si observamos la producción de un grupo de trabajadores sometidos a diversos estímulos, podemos elaborar una teoría acerca de la motivación en la industria. El método inductivo utiliza la observación directa de los fenómenos, la experimentación y el estudio de las relaciones que existen entre ellos.

Inicialmente, este enfoque implica separar los actos más elementales para examinarlos en forma individual, observar sus relaciones con fenómenos similares, formular hipótesis y a través de la experimentación, comprobarlas.

Método deductivo

La deducción desciende de lo general a lo particular. Este método parte de datos generales aceptados como verdaderos, para inferir, por medio del razonamiento lógico, varias suposiciones. Este enfoque se basa en certezas previamente establecidas como principio general, para luego emplear ese marco teórico a casos individuales y comprobar así su validez. Se puede afirmar que aplicar el resultado de la inducción a casos nuevos es deducción.

El método deductivo consta de las siguientes etapas:

- Determina los hechos más importantes, del fenómeno por analizar.
- Deduce las relaciones constantes de naturaleza informe que dan lugar al fenómeno.
- Con base en las deducciones anteriores, se formula una hipótesis.
- Se observa la realidad para comprobar la hipótesis.
- Del proceso anterior se deducen leyes.

Como se puede apreciar, en el método inductivo se parte de los hechos para hacer inferencias de carácter general.

Método dialéctico

La característica esencial de este método es que considera los fenómenos históricos y sociales en continuo movimiento. Esta forma de análisis fue el punto de partida del *materialismo histórico*, el cual explica las leyes que rigen las estructuras económicas y sociales, sus correspondientes superestructuras y el desarrollo histórico de la humanidad. Sus principales ideólogos fueron Carlos Marx, Federico Engels, Louis Althusser y Antonio Gramsci. Este método aplicado a la investigación afirma que todos los fenómenos se rigen por leyes de la dialéctica, es decir por movimientos económicos y sociales.

El postulado básico del método dialéctico es que la realidad no es algo inmutable sino que está sujeta a contradicciones y a una evolución de desarrollo perpetuo. Por lo tanto, sostiene que todos los fenómenos deben ser estudiados en sus relaciones con otros y en su estado de continuo cambio, ya que nada existe como un objeto aislado.

Además, postula que para estudiar los fenómenos sociales es necesario considerar que la vida cambia constantemente y de manera decisiva en todos sus aspectos, ya que la sociedad pasa a través de diferentes etapas, formas de evolución y de decadencia de acuerdo con las siguientes proposiciones.

1. Cada forma social tiene sus características propias y peculiares.
2. Cada fenómeno social debe ser estudiado en su proceso de transformación interna.
3. Cada forma social debe considerarse en su crecimiento y en sus relaciones con otras.

Los procesos sociales son cambiantes, por lo que es necesario encontrar su origen en el pasado para, a partir de allí, examinar su desarrollo y las tendencias de su evolución y de su inevitable fin. Así, la ley del cambio y el movimiento es la base de todas las cosas. La aportación del método dialéctico al proceso de investigación es que permite conceptualizar a los fenómenos como parte de un sistema en constante evolución, de tal manera que al explicarlos se analizan sus distintos aspectos y relaciones con base en una visión más completa y exacta de la realidad social.

Método histórico de investigación o de comparación histórica

El investigador que estudia los hechos y fenómenos del presente recurre a la historia para comprenderlos y explicarlos. Este método tiene como principio que no se sujeta únicamente a lo existente, o sea, a lo visible (interpretar el fenómeno u objeto según sus ojos lo ven), sino que recurre a la historia para ver la forma y condiciones de su evolución para llegar a lo actual, a lo que es. Así se interpretan y comprenden más los hechos o sucesos de carácter económico y se logran captar sus verdaderos significados, ya que se ha analizado a fondo el fenómeno.

Si se analizan las características de los métodos explicados, se puede concluir que todos ellos se apoyan y complementan. El método analítico permite observar fenómenos singulares; la inducción, elaborar leyes universales; mediante el método deductivo se aplican esas leyes a situaciones particulares y a través de la síntesis se integran conocimientos aparentemente no relacionados.

Por otra parte, existe una íntima relación entre el método deductivo y el sintético y el inductivo y el analítico, ya que la inducción puede considerarse como un caso de análisis y la deducción como una parte de la síntesis.

Capítulo 2

Sistemas de información

Objetivo

Que el estudiante sepa acceder a las fuentes de información, sean éstas públicas o privadas.

Tipos de fuentes de información

Existen dos tipos de fuentes de información: Primaria y secundaria. Las primeras son aquellas que contienen información no abreviada y en su forma original. Son todos los conocimientos científicos o hechos e ideas estudiados bajo nuevos aspectos. Se encuentran en libros, bibliotecas, hemerotecas, revistas científicas, archivos públicos o privados, tesis, trabajos inéditos y normas.

Las segundas son aquellas que contienen información abreviada, por lo cual sólo sirven como simple ayuda para que el investigador obtenga información sobre documentos primarios. Estas fuentes se localizan en citas bibliográficas, catálogos de bibliotecas, reseñas o resúmenes de revistas, índices o fichas bibliográficas.

Sistemas de información

Lo primero que se requiere para iniciar una investigación es determinar con qué tipo de fuentes se cuenta, para lo cual se necesita buscar libros, revistas, folletos, documentos, videos, etcétera. Los sistemas de información, dice Ario Garza Mercado, adquieren, organizan, almacenan y proporcionan datos, conocimientos o documentos. El acceso a ellas es el primer paso para iniciar una investigación. En este capítulo nos referiremos a algunos sistemas de información documental. A renglón seguido se mencionan los más importantes de ellos, con sus respectivas fuentes de información.

Sistemas de información	Fuentes de información
Biblioteca	Bibliográficas: libros, enciclopedias, diccionarios, atlas, etcétera.
Hemeroteca	Hemerográficas: periódicos y revistas
Archivo	Documentos y manuscritos antiguos, códices
Fonoteca	Audiográficas: discos y casetes
Filmoteca	Videos y películas
Museos	Iconográficas: pinturas, esculturas
Centros de documentación	Bibliográficas y hemerográficas
Centros de información	Bibliográficas, hemerográficas y electrónicas

A continuación se explican, de manera general, las características y los servicios de los sistemas de información.

Biblioteca

La biblioteca es una institución que funciona como instrumento de trabajo indispensable para el estudiante universitario pues cuenta con importantes acervos de libros, a los cuales ordena en un índice bibliográfico, integrado por listas de obras, revistas, periódicos y otros materiales específicos de cada disciplina. En este catálogo se incluyen trabajos de diferentes áreas, tales como geología, agricultura, comunicación, diseño gráfico, literatura, etcétera.

Las bibliotecas, son públicas, cuando dependen del Estado, y privadas, cuando son creadas y patrocinadas por una institución que no depende de ningún organismo oficial. Dentro de esta clasificación podemos dividirlas en generales y especializadas: las primeras son las que conservan obras de muchas disciplinas y temas, sin límite, como la Biblioteca Nacional de México y la Biblioteca Central de Ciudad Universitaria.

Para hacer uso de una biblioteca es necesario que el usuario acuda al catálogo o índice bibliográfico, (es decir, al conjunto de fichas acomodadas alfabéticamente), del cual existen tres tipos, a saber:

- Por onomástico, que permite localizar una obra por el nombre del autor.
- Por título de la obra, que señala el nombre del libro que se busca.
- Por materia o tema que permite buscar aquello que existe referente al asunto que se investiga.

En la actualidad, el estudiante o investigador tiene un mayor acceso a literatura de todas las especialidades. En lo que respecta a las bibliotecas generales y especializadas, éstas cuentan con un importante número de títulos.

Para una mejor comprensión de un índice bibliográfico, se presenta una lista con los nombres que reciben las obras, de acuerdo con el tema o materia. Por lo tanto, desde el punto de vista de su constitución, los libros reciben los siguientes nombres:

Álbum: ejemplar en el que se pueden colocar ordenadamente fotografías o cualquier tipo de colecciones.

Antología: recopilación de partes de obras, novelas, ensayos, poesía, etcétera.

Atlas: colecciones de mapas o de láminas que ilustran la obra.

Catecismo: compendio de alguna ciencia o arte a manera de diálogo, elaborado especialmente para la enseñanza.

Códice: (cuaderno) conjunto de hojas de pergamino superpuestas y cosidas por un lado, con forma parecida a la del libro moderno.

Diccionario: lista de vocablos dispuestos en orden alfabético con definiciones precisas de su significado; suelen estar redactados en una o más lenguas.

Ejemplar bibliófilo: volumen numerado que forma parte de una edición especial.

Epítome: resumen de una obra extensa.

Enciclopedia: trabajos por lo general alfabéticamente ordenados, que contienen información introductoria sobre una materia.

Folleto: pequeño trabajo que trata siempre un solo tema. Es más breve que un libro (es decir, contiene menos de 49 páginas) por lo cual puede leerse de una sola vez. Existen folletos científicos y técnicos, que constituyen una de las maneras más eficaces de transmitir información y dar indicaciones. El folleto puede ser considerado el hermano menor del libro, y sus temas, aunque pueden ser los mismos de una obra extensa, están forzosamente menos desarrollados que en la estructura de ésta.

Florilegio: selección de texto en verso de diferentes poetas.

Libro apostillado: obra que, en sus márgenes laterales, contiene notas o comentarios para la ejemplificación del texto.

Libro ilustrado: ejemplar que contiene láminas, grabados o estampas, ya sea para ilustrar o ejemplificar el texto.

Libro manuscrito: forma de edición utilizada desde la antigüedad hasta mediados del siglo XV. Los materiales usados con mayor frecuencia eran papiro, tablillas de arcilla, cera y pergamino. La reproducción de los textos era realizada por escribientes.

Libro incunable: (*inacunabula*) ejemplares impresos desde los inicios de la imprenta hasta los primeros años del siglo XVI. Estas obras pueden distinguirse por las siguientes características:

Desigualdad de las hojas, espesor, tinte amarillento del papel.

En los más antiguos, falta de signaturas, paginación y registro.

Caracteres tipográficos con rasgos bruscos y toscos.

Falta de título o frontispicio. Recién en 1478 se empezaron a imprimir los títulos en hojas separadas.

No cuentan con pie de imprenta.

Confusión de algunos signos o grafías, como *i* y *j*; *u* y *v*.

Falta de títulos en los capítulos.

Muchas abreviaturas.

Carencia de letras capitulares. En su lugar aparecen espacios en blanco.

Falta de signos de puntuación y acento.

Libro intonoso: volumen que conserva los cantos sin recortar.

Libro del año: obra que presenta información sobre un año específico. Ejemplos: *The American Annual, Britannica Book of the year* y el *The Europe World year Book*.

Manual: volumen que presenta las nociones elementales de una materia.

Miscelánea: ejemplar que contiene diferentes asuntos.

Monografía: texto que trata sobre un asunto determinado de cualquier arte, ciencia, etcétera.

Obra anónima: aquella cuyo autor no se conoce o no la firma.

Obra apócrifa: libro reconocido como falso o que su autor no es el que lo firma.

Obra clásica: libro que por su valor es considerado como perfecto y su autoridad reconocida en algún ramo del saber humano. Que ha sido aprobado en diferentes épocas.

Obra de texto: ejemplar que sirve de auxiliar a los alumnos.

Obra en colaboración: libro elaborado por dos o más autores.

Obra interpolada: ejemplar cuyo texto se encuentra combinado con otro que el autor no llegó a escribir.

Obra oficial: la que ha sido aprobada por una autoridad o una institución, las cuales son responsables de su contenido.

Obra políglota: aquella cuyo contenido se encuentra en diferentes idiomas.

Obra póstuma: aquella que ha sido publicada con posterioridad a la muerte de su autor.

Obra prohibida: texto cuya lectura se encuentra vedada por alguna autoridad.

Obra seudónima: la que firma un autor con un nombre supuesto. Por ejemplo, Manuel Gutiérrez Nájera firmaba sus artículos con el seudónimo Duque de Job.

Vocabulario: diccionario abreviado, generalmente explicación de voces de un determinado asunto.

Edición facsimilar: obra que reproduce una edición anterior sin alterar ningún elemento, lo cual se hace por medio de litografías o fotograbados.

Los materiales que se mencionaron pueden clasificarse en colecciones generales y obras de consulta.

Una colección general incluye las obras que son consultadas regularmente por el usuario, como cualquier libro de texto, monografías, etcétera.

Una colección de consulta tiene como propósito dar información al estudiante o investigador, de manera precisa sobre un tema en particular. Las más importantes son las enciclopedias, los diccionarios, los atlas, los anuarios, los directorios, los resúmenes, etcétera.

Hemeroteca

La hemeroteca es la institución en donde se localizan las publicaciones periódicas, nacionales y extranjeras, clasificadas y organizadas para consulta del usuario. Dichas publicaciones reciben los nombres de acuerdo con el intervalo en que aparecen y el tipo de literatura que ofrece, a saber:

Periódico: publica noticias, artículos, crónicas, crítica sobre distintos campos, tales como economía, política, deporte, etcétera. Estos mismos temas son tratados con mayor exactitud en revistas o en libros.

Revista: órgano que se encarga de divulgar la cultura entre distintos niveles de la sociedad. Por lo general contiene artículos de fondo, secundarios y documentos. Puede aparecer cada semana o cada quince días.

Boletín: publicación regular de ciertas instituciones o asociaciones, consistente en un cuaderno en forma de periódico, en el que se ofrece información en torno al campo de trabajo de esas organizaciones.

Publicaciones oficiales: boletines o periódicos impresos por el Estado, que contienen decretos o acuerdos del gobierno.

Los servicios que presta una hemeroteca son similares a los de una biblioteca. Es importante señalar que puede ser parte de una de éstas, pero el material que contiene es ordenado en una colección especial.

Archivo

Se da este nombre al lugar donde se guardan los documentos públicos o particulares que contienen el testimonio de hechos pasados. Los archivos tienen por objetivo guardar y conservar instrumentos tales como manuscritos, informes, cartas y cualquier material histórico, con el fin de signar organizadamente la historia de los asuntos importantes. Los archivos, que son fuentes primarias de investigación, se pueden clasificar en administrativos, históricos y eclesiásticos.

Archivos administrativos: conservan documentos de carácter confidencial, relativo a asuntos internos de una empresa o institución, por lo cual no siempre su consulta es fácil. Pueden ser públicos o privados.

Archivos históricos: contienen documentos sobre hechos, administraciones o regímenes pasados, por lo cual, normalmente, están a disposición del investigador interesado en ellos. Algunos archivos históricos son privados, por lo cual su acceso se realiza por medio de los requisitos que fijan sus administradores.

Archivos eclesiásticos: registros compuestos por documentos valiosos sobre la vida religiosa de un lugar.

Los archivos son fuentes importantes a las que el investigador debe acudir para consultar documentos originales.

Fonoteca o discoteca

La fonoteca o discoteca es una institución dedicada a recopilar, clasificar y difundir los materiales grabados, tales como discos, programas de radio, conferencias o recitales recogidos en cintas magnetofónicas, casetes, etcétera.

En la actualidad, estos materiales audiográficos han adquirido una gran importancia. En algunas universidades, las bibliotecas los han absorbido y los conservan, clasificados, en una colección especial.

Filmoteca

La filmoteca es una organización que tiene como propósito localizar, adquirir, clasificar y difundir las películas, videocasetes, diapositivas, etcétera. Contienen en su acervo, además de filmes, guiones y catálogos de películas, carteles cinematográficos, folletos de prensa, reseñas críticas, etcétera.

Museos

Los museos son instituciones que contienen información documental iconográfica, como por ejemplo pinturas, esculturas, medallas, armas, máquinas, vasijas, objetos e instrumentos de oro, plata, barro, etcétera. Existen museos de todo tipo: antropológicos, históricos, artísticos, artesanales, de electricidad, de historia natural. Además, ciertos conventos o iglesias antiguas, debido a su arquitectura, valor histórico y otras características, han sido declarados museos.

Centros de información y documentación

En la actualidad, la información ha crecido tanto que las instituciones dedicadas a prestar este servicio carecen de las posibilidades de contener todos los materiales producidos. El centro de documentación pretende resolver este problema mediante la elaboración de resúmenes de la mayoría de las materias. Sin embargo, no reúne físicamente las fuentes a las que consulta, sino que trabaja de la siguiente forma:

- Realiza un análisis documental por medio del estudio del contenido de la obra y lo traduce en resúmenes, es decir, convierte al documento original en fuente secundaria. Con estos resúmenes pretende hacer más accesible la información y facilitar su consulta y su búsqueda.
- Elabora notas bibliográficas de cada obra para presentar la información que ellas contienen.
- Almacena ordenadamente documentación sobre las obras originales.
- Difunde su acervo a través de los siguientes mecanismos:

  Hace circular revistas con reseñas de libros.

  Realiza aclaraciones, correcciones y discusiones.

  Publica boletines de resúmenes e índices de estadísticas.

  Elabora boletines de sumarios.

  Confecciona listas y guías bibliográficas.

En sus boletines se combinan los sistemas de indicación, por autores, palabras clave, instituciones y citas bibliográficas. Estas gacetas son también publicaciones que pueden obtenerse por suscripción o consultarse por vía electrónica.

El centro de documentación funciona como un intermediario entre la fuente original y el investigador, ya que pone al alcance de éste documentos secundarios para que posteriormente recurra a las fuentes primarias. La diferencia entre la biblioteca y el centro de documentación radica en que la primera proporciona información de las fuentes físicas, mientras que el centro suministra referencias (resúmenes, bibliografías) relacionadas con el contenido de las fuentes originales para que el interesado recurra a éstas.

La mayor utilidad que pueden reportar estos centros es la economía del tiempo. Para el investigador que solicita información para un trabajo académico, estas instituciones proporcionan datos seleccionados y concentrados en unos cuantos minutos.

Clases de centros de información

Debido al costo que significa sostener un centro de documentación e información, las grandes industrias son las únicas que pueden crearlos y sustentarlos. Los más famosos son ESSO, DUPONT, la NASA, Comisión de Energía Atómica y otros de Estados Unidos.

México cuenta con el Centro de Información Científica y Humanista[1], que proporciona el llamado Servicio de Consulta a Centros de Información (SECOBI). Otros organismos oficiales y descentralizados también poseen su propio centro, tales como Petróleos Mexicanos, INMECAFE, PESCA, etcétera, todos ellos ubicados en la capital del país.

Las materias sobre las que concentran información son muy amplias y diversas. Baste mencionar las que contiene el Banco de Información (SECOBI), que proporciona la que tiene almacenada en más de 100 centros de información, nacionales e internacionales, que encierran cerca de veinte millones de referencias que se capturan todos los meses. Básicamente proporciona referencias bibliográficas, aunque también cuenta con información de algunos centros especializados en áreas estadísticas y otros de información periodística.

Los centros de bancos de información internacionales poseen información de diversas áreas del conocimiento, como administración, agricultura, arte moderno, astronomía, biblioteconomía, biología, ciencia y tecnología, ciencias acuáticas, comercio, computación, demografía, historia, ingeniería, literatura, papel, petróleo, etcétera.

[1] Se ofrece a continuación la forma sobre cómo obtener información a través de los bancos de datos. Las ideas aquí expuestas fueron preparadas por Luis Adolfo Domínguez, *op. cit.*, pp. 112-120.

La información nacional se encuentra desde luego en bancos locales y contiene datos sobre el censo más reciente, referencias sobre entidades municipales y estatales del país, una sección especializada sobre educación, referencias del *Diario Oficial*, el acervo de algunas bibliotecas de la República y noticias periodísticas.

También a través del SECOBI se puede obtener información sobre finanzas y economía, industria, tendencias del mercado, actividades de corporaciones, boletines emitidos por compañías, discursos, comercio, desarrollo político, social y comercial de los mercados nacionales de todo el mundo, notas bibliográficas sobre algún personaje internacional, bolsa de valores, legislación y asuntos militares, puntos de vista de la prensa y la opinión del *New York Times* y de sesenta publicaciones adicionales. También el New York Times Information Bank proporciona todo tipo de datos sobre diferentes áreas.

La consulta sobre un tema puede hacerse a un precio que depende del tiempo que requiera la conexión y en qué banco se vaya a realizar. Veamos un ejemplo de la información a la que se puede acceder.

Proceso para obtener información: tema, Educación en México

El investigador, junto con un especialista del centro de información, deben elaborar lo que se llama *perfil de búsqueda*, determinar las palabras clave y seleccionar el banco o bancos que es necesario consultar.

Localizados estos datos (perfil y clave), México y educación, se busca el banco: ERIC Educational Recourses Information Center.

Luego se inicia la búsqueda en la terminal, que es un aparato electrónico parecido al teletipo que establece la comunicación en la computadora del banco elegido. Realizado el contacto, el banco remite el número de referencias (pueden ser fichas bibliográficas) acerca del tema. Luego de ello puede solicitarse que el banco envíe los títulos de dichas referencias, que generalmente vienen acompañadas por síntesis del contenido de cada material.

El especialista del SECOBI selecciona la información que el banco envió sobre Educación en México y que se encuentra almacenada en el banco USER: All Education and all Mexico; el computador remite a la terminal el número de referencias acerca del tema que consulta, que en este caso son cinco: PROG, SS 1, PSTG (5). Posteriormente el especialista solicita al computador que envíe los títulos de esas cinco referencias.

1. T. 1 Mexico: A select bibliography of sources for chicano studies.
2. T. 1 Basic training program for library technicians in Mexico.
3. T. 1 México: Centro de documentación e información educativa.
   Seminario de documentación e información pedagógica en América Latina (The mexican center for educational documentation and information in Latin American).
4. T. 1 Cooperative educational abstracting service. (Abstracts series No. 1-4, 1969-1971.)
5. T. 1 International Community Development Statical Bulletin. Spring 1968 General Editor.

Debido a que, básicamente, la información que interesa al investigador sería la segunda, el especialista solicita a la terminal que le envíe toda la que el banco guarda acerca de ese título. Por ello remite:

Accesion number

EDO 77526

Clearinghouse Acc.

No. 10100 4353

Title

Basic training program for library technicians in Mexico.

Authors

Vilentchuck, Lydia.

Organizational

Source National Center of Scientific and Tecnological Information Tel Aviv (Israel).

Publication date

Mar. 73.

Notes

38 p; (15 references).

Inssue

RIE 73 Oct.

Edrs. Price

EDRS PRICE MF- $0.65 H.C.- $3.29.

Index

Curriculum guide.

Index Term–

Education.

Index Term–

Foreign countries.

Index Term–

Libraries.

Index Term–

Library education.

Index Term–

Library technicians.

Index Term–

Use studies.

Suplementary Terms–

Mexico.

Suplementary Terms–

Scientific and technical information.

Abstract

The Consejo Nacional de Ciencia y Tecnologia (CONACYT), set up in 1971 to further scientific and technological advancement in Mexico, commissioned this determination of the steps necessary to promote the use of libraries and recorder scientific and technical information and to foster the reading habits of the population. A brief overview examines the library education in Mexico in terms of a need for trained manpower at the library technician level. Recommendations are presented in three groups: 1) Short term action to alleviare the most pressing need for trained man power; 2) long termactions to standardize the training of library technicians and to achieve recognition of librarianship as a profession, by the appropiate authorities: and 3) Long range policy-to influence the general educational system of the country and promote a library and information net work. Which will improve the reading habits of the population and foster the use of information media on all levels. A "syllabus for courses in librarianship leading to a certificate of 'library technical assistant', and 'library technicians, and a plan outlining' immediate action to be taken for implementing and intensitive training program for 'library technicians' are appended" (author/KE).

Así se presenta una ficha completa que comprende el número de acceso del banco.

Título

Autor

Fuente

Fecha de publicación

Términos y palabras índice y

Términos o palabras complementarias

Breve resumen del artículo

El SECOBI es un centro de apoyo a investigadores y estudiantes que proporciona información que sirve de instrumento para investigar múltiples temas de forma rápida y eficaz a un costo reducido comparado con cualquier otro procedimiento.

Entre los bancos de información disponibles en el SECOBI están:

AIM/ARM

Referencias sobre instituciones e investigación en educación vocacional técnica.

BALLOTS

Catalogación automatizada para bibliotecas.

ERIC

Referencias sobre educación y áreas relacionadas.

Educational Resource Information Center.

CEC

Referencias sobre educación especial y niños excepcionales.

Excepcional Education Children.

HIST ABS

Referencias sobre historia mundial exceptuando Estados Unidos y Canadá. Historial Abstracts, ABC-CLIO Press, Inc.

NICEM

Información bibliográfica sobre material audiovisual con fines educativos. National Information Center for Educational Media.

Además de los temas mencionados, y muchos más, ofrece información científica y humanística.

Fuentes de información electrónicas

CD-ROM

El romanticismo de humedecer el dedo para cambiar las hojas de un libro o revista está en vías de desaparecer, porque cada vez es mayor la información contenida en CD-ROM[2]. A través de este medio electrónico, el espacio de almacenaje se amplía y la posibilidad de localizar un tópico de una disciplina determinada es casi inmediata.

El CD ROM es físicamente idéntico a un disco de audio compacto. Sin embargo, la memoria para la lectura implica que el disco es un dispositivo permanente e inmodificable que almacena datos computacionales. Un CD-ROM puede almacenar hasta 660 megabytes de información, lo cual significa alrededor de 260 000 páginas de texto. Este sistema de almacenamiento y recuperación de datos permite que la búsqueda en este tipo de medios sea mucho más económica que conectarse telefónicamente a una base de datos en línea[3].

Los archivos generales de cada estado cuentan con un CD-ROM que contiene información sobre sus documentos, ya sean administrativos o históricos, lo cual facilita al investigador la búsqueda de datos de un determinado tema. Las bibliotecas universitarias ofrecen el servicio de consulta de base de datos en discos compactos, información a la que también puede accederse a través de una computadora personal, sin recurrir a computadoras externas o a la conexión de una red.

Los discos compactos se adquieren en librerías, en centros de documentación o están, usualmente, instalados en una computadora de la biblioteca. Una vez localizado el material que se desea obtener, se puede imprimir la información.

Internet

Hablar de la red y de su lenguaje cibernético significa hablar de un nuevo estado de conciencia de la humanidad. La red electrónica conecta a millones de cerebros humanos a un cerebro mayor de gran poder que los relaciona entre sí. Pero, ¿qué es una red electrónica?, y ¿cómo puede el usuario utilizarla?

[2] La información que se encuentra en un Compact Disc Read-Only Memory, es decir, disco compacto con memoria sólo para lectura.

[3] Vea Berenice Ibañez Brambila. *Manual para la elaboración de tesis.* 2a. reimp., 1997, p. 58.

Red es la unión de enlace de miles de computadoras dispersas a través de todo el mundo. Una red se establece cuando dos o más computadoras se conectan entre sí, de forma permanente, para compartir los recursos e intercambiar información. Por otro lado, la reducción de precio del hardware y el aumento de su capacidad ha aumentado la cantidad de información que es conectada, procesada y utilizada por organizaciones, lo cual provoca que crezca el número de usuarios.

- Red local. Conocida como Local Area Network (LAN). Este tipo de red conecta a las computadoras que se encuentran en un área local como puede ser un edificio u oficina.
- Red metropolitana. Esta red, compuesta por la interacción de varias redes locales, conocida como Metropolitan Area Networks (MAN) cubre por lo general una superficie geográfica limitada, como puede ser una ciudad.
- Red de área amplia. Wide Area Network (WAN), se establece cuando dos o más LAN se conectan entre sí a través de líneas telefónicas de alta velocidad (o vía satélites) para compartir información.[4]

En el campo de la enseñanza universitaria los estudiantes han comenzado a utilizar las redes de información, lo que provoca que el periodo de adaptación a nuevos productos sea menor. Esta moderna tendencia de obtener mayor cantidad de datos fortalece el desarrollo de investigaciones y ofrece la posibilidad de adquirir nuevos materiales bibliográficos, por lo que el usuario de la red global es el que obtiene mayores beneficios.

Muchos trabajos académicos no se publican sólo en libros, periódicos o revistas especializadas, sino que se localizan en una línea electrónica (base de datos). A continuación se explica cómo funciona una red electrónica.

La red, Internet

Internet es la red global de computadoras más grande del mundo en la cual se almacena información y de la que forman parte miles de redes distribuidas por todo el planeta. Cada red

[4] Harrison Lawrence. *Qué es Internet*, México, Grijalbo, 1998, p. 15.

individual es administrada, mantenida y soportada económicamente por universidades, empresas y otros organismos. Por su parte, los equipos particulares se conectan a dichos servidores mediante líneas directas o líneas telefónicas y modem. Las primeras, que suelen ser de alta velocidad, son líneas de telecomunicaciones dedicadas a la transferencia de datos entre edificios y organizaciones.[5]

¿Qué se puede hacer en Internet?

Correo electrónico.
Correo usuario-usuario.
"listas" o grupos
de interés común
(también llamadas
de "nuevos grupos")

El correo electrónico es la herramienta más utilizada en esta década. Permite intercambiar mensajes entre personas que poseen una dirección electrónica a través de computadoras conectadas a Internet. Una dirección electrónica es similar a un domicilio postal. Los foros electrónicos de discusión constituyen el segmento de Internet más utilizado por estudiantes y académicos. Además, es el medio más eficaz para entrar en contacto con diversos grupos de interés específico.

Transferencia de
archivos.
Programas básicos
para transferencia
de datos: FTP
(*File Transfer Protocol*)

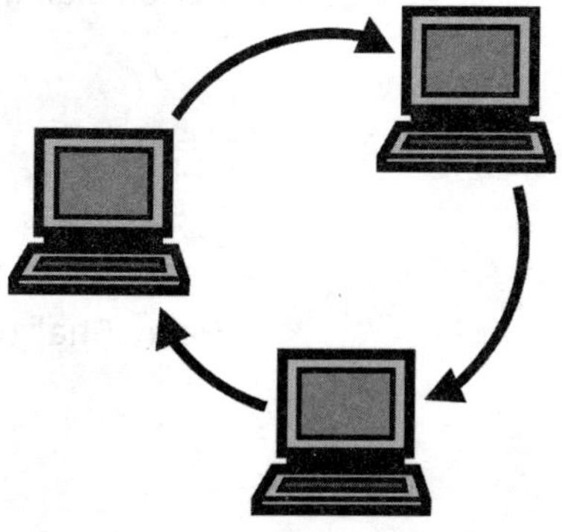

Este sistema permite al usuario realizar la transferencia remota (de un equipo de cómputo a otro) de archivos, sin importar dónde se encuentren las computadoras, o si poseen sistemas

[5] Miguel Ángel Burgos. *Computación Aplicada*, México, Trillas, 1997, p. 415.

operativos diferentes, ya que se utiliza un lenguaje de comunicación común.

Acceso remoto a otros sistemas: Telnet (*terminal remoto*)

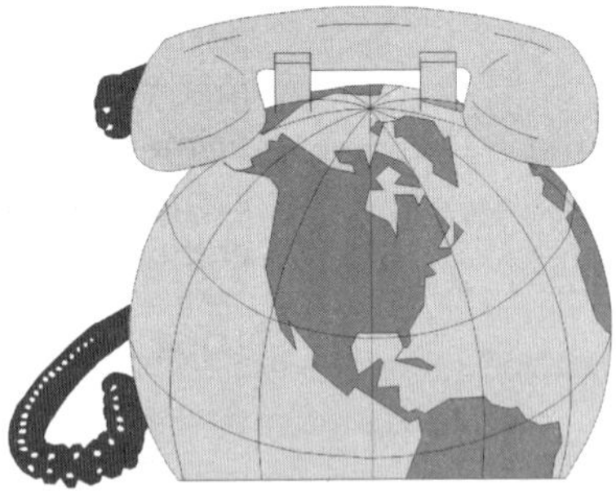

Una conexión remota (telnet) permite ingresar a cualquier computadora que esté conectada a Internet con sólo tener una cuenta de acceso para ello. De esta manera, quien la opera puede trabajar como si estuviese frente a una computadora que posiblemente se encuentre a miles de kilómetros de distancia.

Talk

Por medio de este sistema el usuario puede mantener una conversación con otro que esté conectado a Internet para mantener un diálogo en línea o al instante.

Relay Chat (IRC)

Éste es un programa similar a *Talk*, pero en lugar de comunicar a sólo dos personas entre sí, permite que lo hagan varias. Cada grupo interactúa en un canal determinado que al igual que en las listas de interés trata de un tema específico.

Qué se necesita para conectarse a Internet y entrar a la www

Para conectarse a Internet se debe recurrir a una conexión en red, que enlaza directamente a las computadoras a través de una conexión telefónica.

Desde la casa:

Se necesita una computadora con modem para conexión telefónica.

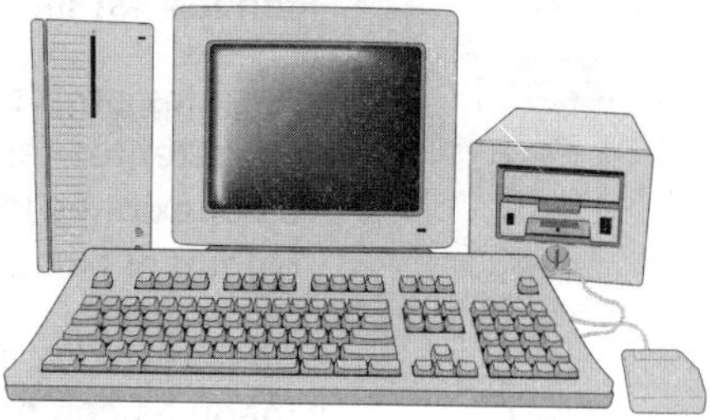

Un software de comunicación e información sobre los parámetros de comunicación.

Un nombre de identificación.

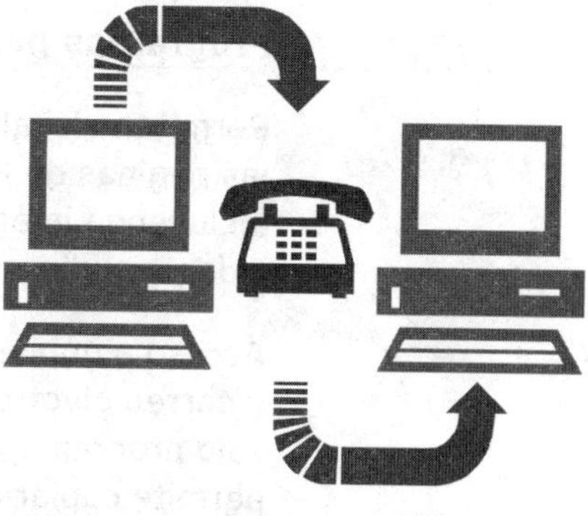

Una contraseña.

Una vez conectado, se debe correr el "Browser" preferido (*Netscape, Internet, Explorer, etc*ética).

Cómo utilizar un sistema de búsqueda

La Word Wide Web (www) es la herramienta más reciente, además de una de las más poderosas. Está basada en el principio de *hipertexto*, que permite al usuario navegar en Internet a través de distintos servidores distribuidos en todo el mundo para obtener la información que se necesite.[6] Los sistemas de búsqueda tienen su propio sitio Web. Asimismo, cada uno de ellos persigue objetivos diferentes.

Busqueda de información en la www:

- Páginas de búsqueda (Yahoo, Altavista, Infoseek, Lycos, entre otras).
- Para usarlas: se escriben palabras relacionadas con el tema a buscar y se solicita la búsqueda. Ver los "help" para ayudar con los datalles de uso.
- Posibles problemas: páginas inexistentes (enlaces viejos) o conexiones lentas (según el país).
- Busca "nudos de información" (páginas con enlaces a otras páginas del tema).

Programas para acceder a la WWW

Permiten visualizar las páginas de la WWW, incluyendo imágenes, video y audio.

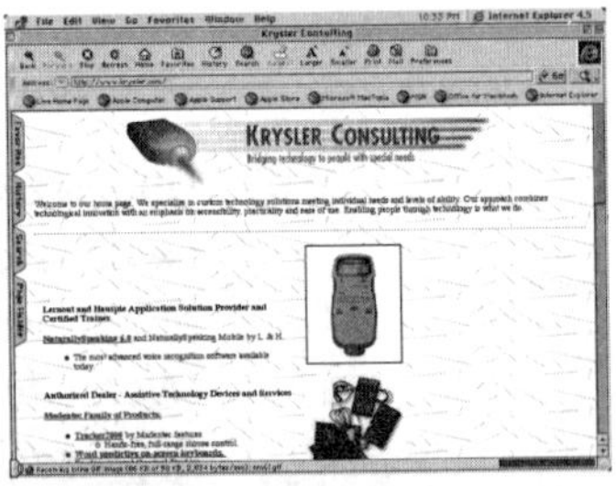

Acceso a gopher, ftp, news y correo electrónico en un solo programa, lo cual permite copiar archivos y enviar e-mail desde estos programas.

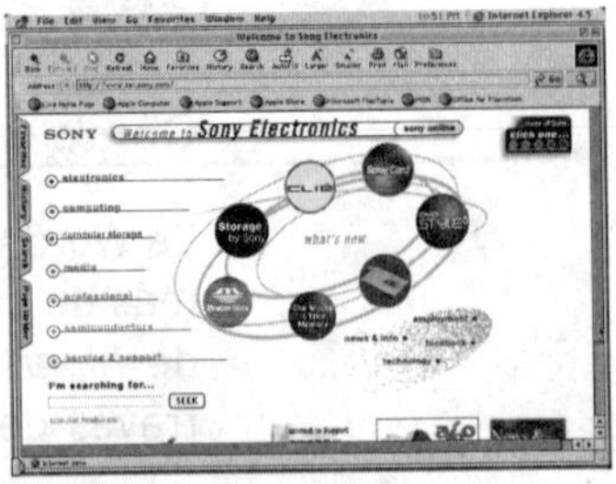

Los más usados son *Netscape* (en la imagen) *Internet Explorer y Mosaic.*

[6] Victor Federico Solana. *Guía de información sobre recursos Internet.* Cuadernos de la biblioteca Daniel Cosío Villegas No. 3, México, El Colegio de México, 1998.

Elaboración de una guía (parcial) de página de literatura iberoamericana

Búsqueda:

- Páginas de búsqueda.
- Uso de "nudos de información" para obtener enlaces con otras páginas del área.
- Información obtenida en listas (grupos) de literatura.

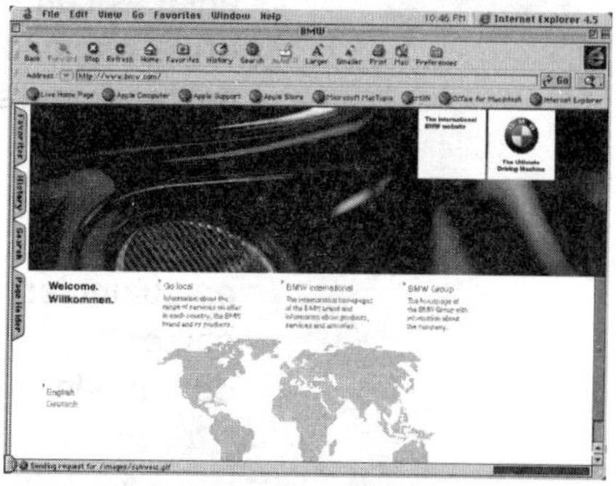

Presentación:

- Folleto de direcciones de páginas de literatura iberoamericana.
- Página en la WWW con enlaces con las fuentes respectivas.

La World Wide Web (WWW)

El hipertexto es una tecnología capaz de representar un cuerpo de información en una forma tal que permita capturar todas las interrelaciones contenidas en la información. El usuario de estos sistemas puede examinar con cuidado la información siguiendo los enlaces de elección, sin necesidad de respetar una estructura de tipo jerárquico.

A continuación se presenta un ejemplo de como funciona el hipertexto

- Grupo de páginas de hipertexto en Internet

Literatura latinoamericana
Cátalogo
de autores:
Juan Gelman
Pablo Neruda
Homero Aridjis

- Las páginas de hipertexto contienen enlaces con otras páginas pertenecientes al mismo sistema, o a otro, en cualquier parte del mundo

Juan Gelman
(Argentina)
Obras
(Fragmentos)
Gotán
Composiciones
Dibaxu

- Las páginas pueden incluir información multimedia (*imágenes, videos, audio*).

Com/posiciones
(fragmentos)
Juan Gelman
(Argentino)
La pisada
Mi cuerpo escrito
por tu deseo/por
mi deseo de
vos/canta/cuerpo
Tu desestar/o
sueño
De tu deseo/casa

Fuente: María Angélica Hernández

Capítulo 3

Selección del tema

Objetivo

Que el estudiante sea capaz de elegir un tema para elaborar un trabajo académico.

La selección del tema

Los trabajos de investigación responden a diferentes necesidades académicas, una de las cuales puede ser la respuesta que trata de encontrar un estudiante a la pregunta que se plantea ante una situación determinada. Existen diversos problemas que se pueden presentar durante la vida académica.

- Presentar opiniones personales o juicios sobre un tema o materia determinados.
- Sistematizar y organizar las ideas y pensamientos de diversos autores con relación a un tópico de estudio.
- Describir estudios, con base en información registrada a través de entrevistas, cuestionarios, etcétera sobre un tema específico.

Durante el primer año de estudios universitarios, los trabajos académicos son un requisito que algunos catedráticos imponen para evaluar un curso. La realización de un trabajo de investigación tiene como objetivo beneficiar al estudiante, ya que:

- Es un medio eficaz para adquirir conocimientos.
- Durante la etapa de búsqueda de información se aprende a sistematizarla y a organizarla.
- Se aprende a buscar fuentes de información documental.
- Se ejercita en la búsqueda de fuentes de información electrónicas.

El tratamiento de un tema o el planteamiento de un problema que realiza un alumno de primer año será diferente al de aquel que cursa el último semestre de una carrera. Por lo general, en los primeros semestres los estudiantes no eligen los temas de investigación, sino que son los maestros quienes los determinan. Sin embargo, a veces no ocurre así. En otros casos, como la elaboración de una tesis, para llevar a cabo una investigación se requiere de una metodología específica. Lo primero que se debe hacer para iniciar una investigación es elegir un tema o problema, para lo cual debe tomarse en cuenta los siguientes puntos:

- Localizar un tópico de estudios al que se pueda darle un tratamiento de acuerdo con el nivel académico que se ostenta.
- Buscar bibliografía básica referente al tema, en libros, revistas, artículos, monografías, etcétera.

Mapa conceptual

Cuando el estudiante decide escoger una idea o problema específico y descubre que un tema es interesante, puede revisar o modificar la idea original varias veces.

Inicialmente, las ideas deberán ser recopiladas y luego reorganizadas. A continuación se observan dos tipos de representación gráfica. Para la etapa de recopilación se propone el agrupamiento asociativo de una palabra, y para su organización, los mapas. Veamos algunos ejemplos:

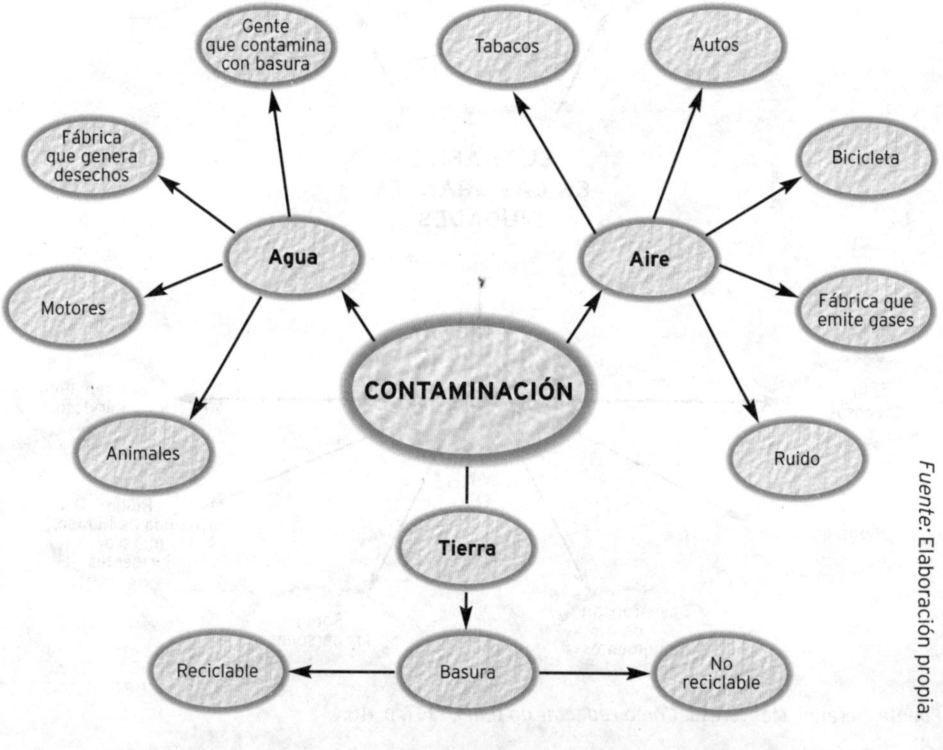

Fuente: Elaboración propia.

apoyarnos en un mapa conceptual, puede ayudar a a separar los subtemas, elaborar el tema y la posibilidad de consultar otras referencias

Ahora veamos otro más concreto y con más detalles.

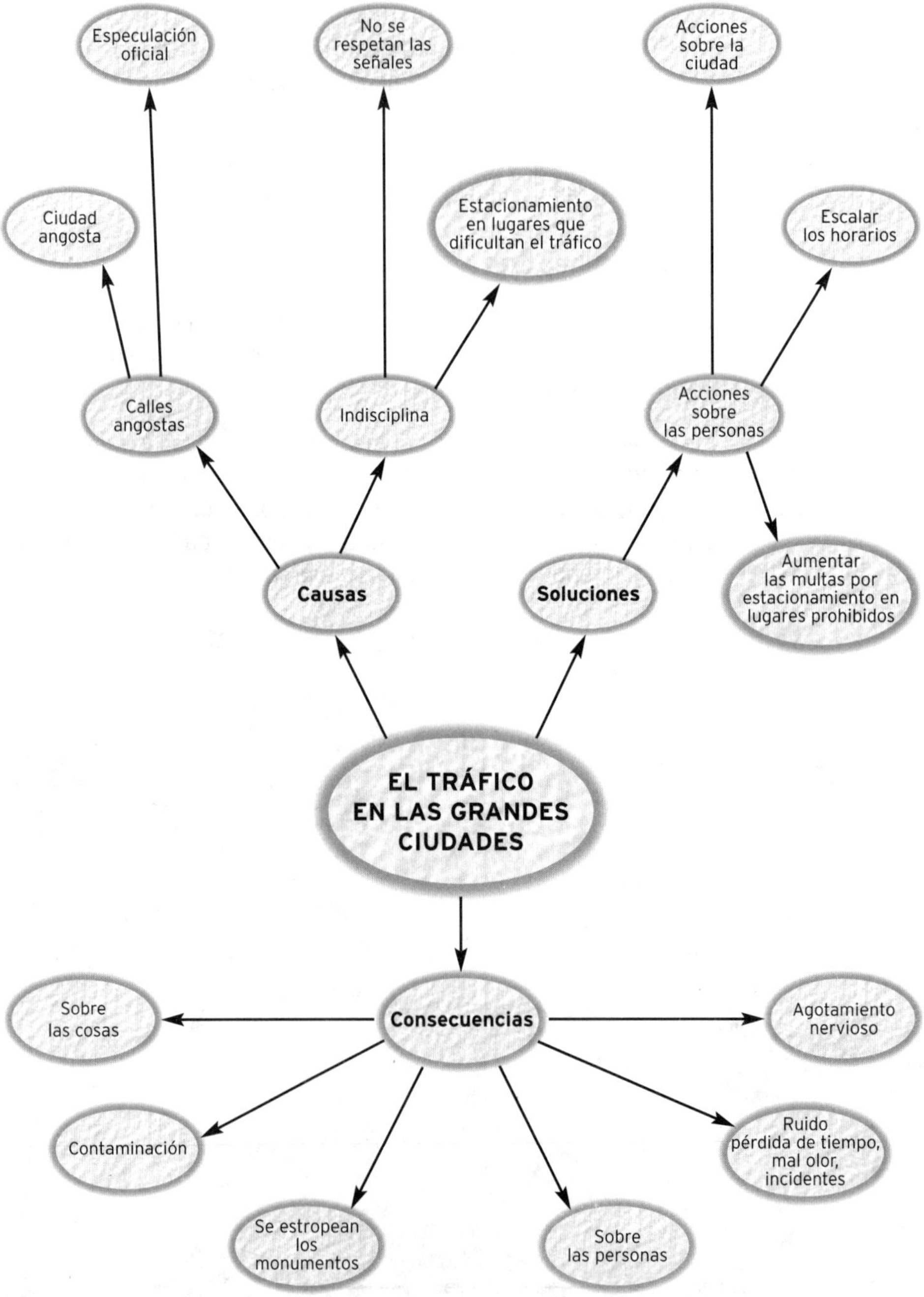

Fuente: Serafini, Ma. Teresa. *Cómo redactar un tema*, 1997, p. 46.

El mapa es un instrumento para aprender rápidamente, no sólo útil para organizar las ideas con vistas a convertirlas en una redacción, sino también para entender mejor un artículo o escrito en general. El autor de una tesis o tesina debe determinar su objetivo de investigación como tarea previa a la iniciación de la misma.

En general, se sugiere tomar el tiempo necesario para seleccionar un tema, para luego establecer los subtemas. Iniciar una lectura preliminar de un tópico y evaluar el contenido, y consultar otras referencias. Si este tema se considera de interés, se debe comentar con algún profesor y después iniciar la investigación.

Actividad

1. Busca dentro de tus sentimientos personales algo que te gustaría investigar.

2. Escribe libremente por diez minutos posibles ideas; comienza con un tema que atraiga tu atención.

3. Comienza con el núcleo de la idea, después escribe otras que tengan una relación con aquélla.

______________ Sub - idea ______________

______________ Palabra o núcleo de la idea { ______________ Sub - idea ______________

______________ Sub - idea ______________

4. Anota en orden de tu interés y gusto, los temas de los mencionados arriba.

5. ¿Cuál es el que más te gustaría abordar hoy mismo?

Capítulo 4

Técnicas de investigación documental

Objetivo

Que el estudiante sea capaz de recopilar material para la elaboración de informes académicos.

Técnicas de registro de información

Otro requisito esencial para realizar una buena investigación es el registro de información. Esta formalidad tiene como propósito situar el problema de la tesis dentro de un marco teórico y/o práctico, así como averiguar qué investigaciones se han realizado, cómo se han hecho y qué instrumentos se han empleado para ello. Por su parte, el fin de la revisión de literatura consiste en detectar y obtener información y consultar bibliografía y otros materiales que pueden ser útiles para alcanzar el objetivo del estudio. Este registro es selectivo, puesto que cada año se publican en diversas partes del mundo cientos de miles de artículos en revistas y libros, además de materiales electrónicos. Si se revisa la literatura, se encontrará que en el área o tema de interés existen más de mil referencias. Es evidente que es necesario seleccionar las más importantes y recientes. Ya identificadas las fuentes se debe localizar físicamente el material y organizar la información en fichas de trabajo. El acopio de material se realiza cuando el plan de trabajo está determinado, luego de lo cual se necesita:

Recopilar los datos bibliográficos, hemerográficos, videográficos, etcétera.

Recopilar los contenidos de acuerdo con el esquema.

Ficha bibliográfica

Existen varias técnicas para registrar el material bibliográfico. Sin embargo, el procedimiento más recomendable es la utilización de tarjetas de 7.5 cm por 12.5 cm. En estas tarjetas o fichas se anotan los datos editoriales preestablecidos por la Asociación Americana de Psicología (APA), la Asociación de Lenguas Modernas (MLA) y el modelo latino (ML).

De manera general, una ficha bibliográfica contiene los siguientes datos: nombre del autor; título subrayado; números de edición (si la señala, sólo se anota la segunda edición); traductor, precedido de la abreviación trad.; ciudad donde se imprimió el libro; nombre de la editorial; año de la edición; número de páginas.

Veamos algunos ejemplos de recopilación de información:

Ficha de libro, modelo editorial APA

Apellido y nombre del autor — *Año de edición* — *Título* — *Lugar de edición*

Gitman, Lawrence. (1986). <u>Fundamentos de Administración Financiera</u>. México: Harla.

Ficha de libro, modelo editorial MLA

Gitman, Lawrence. <u>Fundamentos de Administración Financiera</u>. México: Harla, 1986.

El año de edición al final

Ficha de libro, modelo editorial ML

Escriba una coma después de la ciudad

Gitman, Lawrence. <u>Fundamentos de Administración Financiera</u>. México, Harla, 1986.

Ficha hemerográfica

La ficha hemerográfica contiene los datos que sirven para identificar las publicaciones periódicas, tales como revistas o diarios. Los detalles que contiene son: nombre del autor del artículo; nombre del artículo; nombre de la revista o periódico subrayado; número de volumen; número de tomo con la abreviatura trad.; la ciudad donde se imprimió la publicación; fecha de publicación; sección o serie y páginas.

Ficha de periódico, modelo editorial APA

Apellido y nombre del autor — *Año de edición* — *Título*

Jairo, Claudio. (Octubre 1998). Empieza el lunes otro paro técnico de 7 días en la Nissan de Aguascalientes. La Jornada, p. 54.

Nombre de la publicación — *Página del artículo*

Ficha de periódico, modelo editorial MLA

Título del artículo entre comillas

Jairo, Claudio. "Empieza el lunes otro paro técnico de 7 días en la Nissan de Aguascalientes." La Jornada 20 Octubre 1998; 54.

Punto antes de cerrar las comillas — *Fecha de edición* — *Página del artículo*

Ficha de periódico, modelo editorial ML

Título del artículo entre comillas

Jairo, Claudio. "Empieza el lunes otro paro técnico de 7 días en la Nissan de Aguascalientes", La Jornada, 20 Octubre de 1998; 54.

Coma después de las comillas

Ficha videográfica o filmográfica (cine)

Se utiliza para reunir los datos sobre filmes, diapositivas, programas de televisión, videos, etcétera.

Ficha de cine, modelo editorial APA

Director — *Año de producción* — *Título* — *País* — *Producción*

Buñuel, Luis. (1950). Los olvidados. México: producción, Ultramar Films.

Ficha de cine, modelo editorial MLA

Año de producción

Buñuel, Luis. Los olvidados. México: producción, Ultramar Films, 1950.

Ficha de cine, modelo editorial MLA

Buñuel, Luis. Los olvidados. México: producción, Ultramar Films, 1950.

Ficha electrónica

Cada página en la WWW tiene una dirección particular, la cual indica en qué lugar dentro de la Internet se encuentra. Para controlar una página, los programas Browser (netscape, Internet explorer, mosaic, etc.) necesitan de una dirección como la siguiente:

http://www.wsu.edu/-literatura/index.html

Tipo de conexión (hipertexto, ftp, gopher) — *Sistema en donde se encuentra la página* — *Directorio* — *Archivo de la página*

Para incluir una información obtenida en la WWW en la bibliografia, se usa el mismo formato que para un libro o artículo (lo cual depende del documento citado). Se debe incluir tanto la fecha en que se encontró el material en la WWW, como la dirección de la página respectiva.

Ficha de Internet, modelo editorial APA

Autor *Fecha en que se encontró la información* *Título*

Cervantes Saavedra, Miguel de. (11 de noviembre de 1999) Don Quijote de la Mancha. 1605. Intervisa. Internet. Disponible en:

http://csgrs6k4.uwaterloo.ca/quijote/caps.htm

Año de la primera edición (si se cuenta con ella) *Dirección electrónica*

Ficha de Internet, modelo editorial MLA

Cervantes Saavedra, Miguel de. Don Quijote de la Mancha. 1605. Intervisa. Internet. 11 de noviembre de 1999 Disponible en:

http://csgrs6k4.uwaterloo.ca/quijote/caps.htm

Fecha en que se encontró la información

Ficha de Internet, modelo editorial ML

Cervantes Saavedra, Miguel de. Don Quijote de la Mancha. 1605. Intervisa. Internet. 11 de noviembre de 1999 Disponible en:

http://csgrs6k4.uwaterloo.ca/quijote/caps.htm

Ficha audiográfica

Ficha de una pieza de disco, modelo editorial APA

Año de edición *Nombre de la canción*

Zitarroza, Alfredo. (1978) Adagio a mi país. Letra y música Alfredo Zitarroza. Guitarra negra. (Fonodisco) México, Disco NCL.

Nombre del disco

Ficha de una pieza de disco, modelo editorial MLA

Zitarroza, Alfredo. "Adagio a mi país." Letra y música Alfredo Zitarroza. Guitarra negra. (Fonodisco), México, Disco NCL. 1978

Ficha iconográfica

Las ficha iconográficas reúnen datos sobre pinturas, fotografías, edificios, etcétera. Además, si la imagen se tomó de un libro, se deben anexar, los datos editoriales del mismo como si fuera una ficha bibliográfica.

Ficha de una pintura modelo, editorial APA

Año de producción — *Título de la obra artística*

Siqueiros, David. (1930). La vista al preso. (Escena de la cárcel, Óleo sobre tela 94 × 73. Col. particular Mary-Anne Martin Art, Nueva York). Museo Nacional del Arte. (1996). Retrato de una década. México: Consejo Nacional para la Cultura y las Artes. p. 106.

Ficha bibliográfica cuando la pintura se localiza en un libro

Ficha de una pintura, modelo editorial MLA

Siqueiros, David. "La vista al preso." Escena de la cárcel en 1930, Óleo sobre tela 94 × 73. Col. particular Mary-Anne Martin Art, Nueva York. Museo Nacional del Arte. Retrato de una década. México: Consejo Nacional para la Cultura y las Artes. 1996. p. 106.

Ficha bibliográfica

Ficha de una pintura, modelo editorial ML

Siqueiros, David. "La vista al preso." Escena de la cárcel en 1930, Óleo sobre tela 94 × 73. Col. particular Mary-Anne Martin Art, Nueva York. Museo Nacional del Arte. (1996). Retrato de una década. México: Consejo Nacional para la Cultura y las Artes. 1996. p. 106.

Ficha de archivo

Este instrumento se elabora para reunir datos que identifiquen todo tipo de manuscrito, como una carta, una convocatoria, un edificio antiguo, un oficio, un memorándum, un recibo, una circular, etcétera. En virtud de la gran cantidad de documentos de este tipo, se recomienda recabar los datos suficientes para poder localizar cada fuente.

Ficha de una carta, modelo editorial APA

Leandro Rosete (28 de noviembre 1901). Carta de Soledad Reséndez en donde comunica que envía por mensajería 200 pesos del Sr. Verona, Huamantla, Tlaxcala.

Ficha de una carta, modelo editorial MLA

Rosete, Leandro. Carta de Soledad Reséndez en donde comunica que envía por mensajería 200 pesos del Sr. Verona, Huamantla, Tlaxcala, 28 de noviembre 1901.

Ficha de una carta, modelo editorial ML

Rosete, Leandro. Carta de Soledad Reséndez en donde comunica que envía por mensajería 200 pesos del Sr. Verona, Huamantla, Tlaxcala, 28 de noviembre 1901.

Ficha de trabajo

El propósito de la ficha de trabajo es recabar información específica de la fuente, pues contiene información de los textos leídos, tales como razonamientos, planteamientos del autor, comentarios, críticas, conclusiones. Además, en ella también se hacen resúmenes del documento analizado.

Para realizar el acopio de los contenidos de las fuentes de información, existen varios técnicas, como anotar en forma de apuntes en un cuaderno o también en hojas sueltas o fichas de cartón. Los puntos que se deben considerar para facilitar la redacción son:

- Identificar fuentes.
- Identificar el tema.
- Relación de la información.
- Organizar las notas.

Las fichas de trabajo constituyen la parte esencial de la investigación, por lo cual es necesario consultar una bibliografía amplia, para fundamentar las ideas que se expondrán en el trabajo. Existen varias clases de fichas de trabajo, de las cuales las más importantes son las textuales, de paráfrasis, de resumen y de comentario.

Ficha textual

En este tipo de ficha se realiza la transcripción de un párrafo que contenga una idea importante, el que se escribe entre comillas, seguido del número de la página. El investigador tiene que realizar una lectura selectiva y analítica, luego, registrar en tarjetas la información más significativa, de acuerdo con el esquema de trabajo.

Las citas textuales deben ser breves, tener unidad y presentar una sola idea. Si una parte del texto no es necesaria puede eliminarse y en su lugar se anotan tres puntos suspensivos (. . .).

Cuando en el párrafo citado se encuentra un error de ortografía, de construcción o de otro tipo, no se corrige sino que inmediatamente después de él se anota la abreviatura SIC, que significa "así está en el original". Cuando es necesario hacer una comentario adicional se pone entre corchetes un dato que se proporcionó antes o un añadido del investigador: "En aquella época [s. XIX] se inicia un tipo de gobierno. . .".

> Jairo, Claudio. Empieza el lunes otro paro técnico de 7 días en la Nissan de Aguascalientes. La Jornada. México, Octubre 1998.
>
> (Ficha textual)
>
> "A partir del lunes, la Nissan de Aguascalientes cerrará por una semana debido a una disminución del 90% en la exportación de automóviles a los Estados Unidos. La exportación ha disminuido de 250 vehículos a tan sólo 22, por lo que se consideró conveniente que los más de 4 mil trabajadores dejaran de trabajar 7 días para evitar con esto el despido de los mismos." (p. 54).

*Nota, para el registro de datos en las fichas se usa el modelo editorial MLA.

Ficha de paráfrasis

En este tipo de ficha, el investigador plasma los conceptos generales de un libro con sus propias palabras. Es importante tener cuidado de no distorsionar o cambiar la idea original. Debido a que la paráfrasis es una representación propia del investigador no se escribe entre comillas, pero se cita la fuente, es decir, la ficha bibliográfica y la página.

> Beverley, John, y Marc Zimmerman. "Prólogo." Literature and the Central American Revolutioons. Austin: University of Texas Press, 1990.
>
> (Paráfrasis)
>
> La literatura (la poesía, la novelística y el testimonio) es un agente activo en el campo ideológico de las luchas de liberación nacional en Nicaragua, Guatemala y El Salvador. Aunque el analfabetismo impide que los textos escritos se conozcan a nivel nacional, la práctica literaria que da voz a los grupos marginados y a sus organizaciones constituye una unión entre dichos sectores y la *intelligentsia* radicalizada. El discurso que ha resultado de esta reunión de fuerzas ofrece nuevas articulaciones de las relaciones de poder social tradicionales. (páginas del prologo IX-XVI).

Ficha de resumen

En este tipo de fichas se realiza una recapitulación o sumario elaborado por el investigador. Este modelo se utiliza cuando la obra no es propia. Los resúmenes no se escriben entre comillas, sino que sólo se registra la fuente.

Welker, Glenn. El indígena de Chihuahua habla con voz de muerte. Febrero, 1996 Disponible: http://www.indians.org/ welker/tarainva.

(Resumen)

En el estado de Chihuahua, debido a la desnutrición han muerto 50 niños tarahumaras, 34 de ellos en el último mes. Según el doctor Carlos Nesbitt, uno de los más enterados del asunto, de 75 mil indios tarahumaras que hay en el Estado, la mitad sufre de severa desnutrición mientras que 20% la sufre en algún grado.

De esos 75 mil indígenas, las dos terceras partes no saben leer ni escribir. Asimismo, 92.1% de sus viviendas carece de agua potable; 96.9% no tiene drenaje y 98.7% tampoco cuenta con electricidad. En estas sierras y barrancas majestuosas las enfermedades gastrointestinales y la tuberculosis se cuelan entre los pinos y aguijonean en las casas de tablones o en las cuevas donde habitan los tarahumaras. Un factor, tal vez más decisivo, ha sido el despojo sistemático de los recursos naturales de las comunidades de la región. También vinieron a saquear las compañías mineras. Devoraron miles de metros cúbicos de madera. Brindaron por un tiempo algo de dinero y mucho alcohol, para después retirarse dejando sólo cerros huecos y pulmones silicosos.

Ficha de comentario

La elaboración de comentarios requiere de una gran práctica, pues se trata de asimilar el contenido para elaborar después, ideas generales en torno a lo leído, es decir, críticas, juicios u opiniones. Este tipo de fichas es muy importante, debido a que constituye una parte fundamental en la etapa de redacción del trabajo.

Buñuel, Luis. Los olvidados. México: producción, Ultramar Films, 1950.

Sinopsis:

El Jaibo, un adolescente, escapa de la correccional y se reúne en el barrio con sus amigos. Junto con Pedro y otro niño, trata de asaltar a Don Carmelo. Días después, el Jaibo mata en presencia de Pedro al muchacho que supuestamente tuvo la culpa de que lo enviaran a la correccional. A partir de este incidente, los destinos de Pedro y del Jaibo estarán trágicamente unidos.

Comentario:

Luis Buñuel ha sido, sin lugar a dudas, el realizador más importante del cine de habla hispana. Su trayectoria artística −32 películas filmadas en cincuenta años de carrera− es una de las más importantes y prolíficas de la cinematografía mundial. *Los olvidados* es considerada la película que volvió a colocar a Buñuel en la escena internacional, el cual, luego de que su impresionante debut, fue seguido por dos décadas de relativa oscuridad. *Los olvidados* es, por su temática y por la naturalidad de sus actores, una película engañosamente realista. Filmada durante el apogeo de la corriente neorrealista −que propugnaba por un cine casi documental en el que los actores fuesen gente común y los escenarios fueran reales− la película fue tomada equivocadamente como una cinta semejante a *Roma, ciudad abierta* (1945), de Roberto Rossellini, o *Ladrones de bicicletas* (1947) de Vittorio de Sica. Sin embargo, el filme de Buñuel mantiene muchos de los elementos que lo convirtieron en el cineasta surrealista por excelencia. *Los olvidados* es un filme acerca de la fatalidad del destino.

Ficha de síntesis

Sintetizar es una actividad que consiste en recoger las partes principales de una lectura, para obtener un todo. Mediante este proceso se exponen las ideas principales de un texto en una unidad de sentido global, es decir, que no se trata sólo de resumir, sino de retomar las ideas consideradas más importantes y expresarlas de acuerdo con un punto de vista determinado.

"Testimonial Narrative." Literature in the Central American Revolutions. Austin: University of Texas Press, 1990.

(Síntesis)

El género testimonial ha surgido como parte de los movimientos populares en América Central. Pretende suplantar los modelos culturales de la clase dominante. Tiene sus raíces en los testimonios de la revolución cubana, la crónica colonial, el ensayo costumbrista y la novela picaresca. No obstante, una serie de factores separa el nuevo género de sus antecedentes. Se examina la cuestión del editor o compilador en la creación testimonial. Se analiza el desplazamiento del género por Nicaragua, El Salvador y Guatemala, y su papel en los movimientos populares de estos países. (p. 172-211).

Para realizar el control de los libros que se utilizan durante la investigación, se recomienda llevar este esquema.

Autor 1	Título 2	Ubicación 3	Índice 4	Fecha de lectura 5	Fichas de trabajo 6	Primera redacción 7	Redacción final 8
Bataille,	*Las otras...*	UMAD	Cap. 1	15/06/00	3	22/10/00	30/10/01
			2,3 y 2,4	20/06/00	9	26/10/00	30/10/01
Carreaño,	*Psicología.*	IBERO	Todo	10/03/00	18	12/11/00	15/11/01
Escobar,	*Ética*	Propio	Cap.2	10/07/00	10	22/10/00	28/11/01
			Cap.3	15/07/00	5	22/10/00	28/10/01

Capítulo 5

Redacción de un informe académico

Objetivo

Que el estudiante conozca las normas de redacción y las aplique a un trabajo académico.

Introducción

El informe académico es un documento que tiene por función presentar los resultados de un proceso de investigación, las técnicas y los procedimientos utilizados, así como la exposición y explicación de los temas que el mismo incluye.

Existen diferentes clases de informe académico:

Reseña: relación sucinta de algún acontecimiento, exposición de una situación o resumen de un libro.

Monografía: estudio exhaustivo sobre un tema específico, que se presenta en forma simplificada para dar un rápido conocimiento de la cuestión estudiada.

Artículo científico: trabajo de poca extensión en el cual se exponen los resultados de una investigación realizada sobre una área del conocimiento. El investigador presenta los antecedentes de la investigación, la justificación de su estudio, el diseño del trabajo, los resultados obtenidos, la metodología empleada y lo alcances de sus objetivos con relación a la ciencia y las recomendaciones para nuevos emprendimientos. Además, transmite un conocimiento concreto en forma resumida y lo más sintético posible sobre un tema especial. Su propósito es difundir sólo una parte de la investigación a través de un medio de difusión masiva.

Ensayo: trabajo académico caracterizado por incluir juicios subjetivos del autor sobre un tema, cuya profundidad de investigación es viable. Se trata de la aportación de conocimientos que son resultado del examen de un asunto por medio de una investigación. Este tipo de trabajo presenta un menor nivel de información. Sin embargo, cuando se le considera más profundamente, presenta nuevos enfoques sobre el tema investigado.

Tesis: aportación de conocimientos específicos sobre un tema, generalmente utilizada para comprobar algo.

Tesina: informe muy similar a la tesis, con menor grado de aportación de conocimientos específicos y de planteamientos poco profundos, cuya información está relacionada con un solo tema.

Plan de trabajo

El plan de trabajo es un valioso instrumento que permite organizar en forma coherente y lógica las actividades que se requieren para realizar la investigación. Además de constituir una excelente guía para realizar el trabajo propuesto, ofrece la oportunidad de revisar el proceso antes de emprenderlo para así evitar costosos errores. Por otra parte, en él se valoran todas las etapas para lograr los objetivos del estudio.

Cuando se elabora un plan de trabajo para estudiar un determinado tema, se evita la desorganización y el fracaso intelectual. Si no existe un programa o esquema de trabajo básicos la investigación será superficial y los resultados inexactos y caóticos. Cuando se ha seleccionado y delimitado cuidadosamente el tema o problema que nos ocupa, se tiene cubierta buena parte del proceso de investigación. Las secciones que conforman un proyecto de trabajo son las que se presentan a continuación:

Introducción. En esta parte se indica la finalidad del trabajo, qué se pretende y a dónde se espera llegar. Se explica la naturaleza del tema, se señalan las limitaciones, se presenta la delimitación, se explica la orientación que se pretende seguir y se exponen los alcances del mismo.

Planteamiento del problema. Se enuncia de manera explícita el diagnóstico del problema y sus causas.

Objetivos. Se plantea un objetivo principal, es decir que explique en forma clara la intención de realizar esa investigación. Además, se señalan objetivos secundarios que se desea alcanzar mediante la investigación en curso.

La justificación del estudio. En este apartado se exponen los beneficios que generará el estudio, así como la necesidad o importancia de desarrollar el trabajo. Se menciona la aportación teórica o práctica de la investigación y sobre todo se hace hincapié en la vinculación del tema elegido con la carrera o profesión que se ha elegido.

Marco teórico. El marco teórico es el ordenamiento lógico y secuencial de los elementos teóricos, procedentes de la información recabada, que giran alrededor del planteamiento del problema, y que sirven de fundamento para proponer las vías para solucionarlo. La construcción del marco teórico es la etapa que enmarca el tránsito de la teoría a la práctica, por lo cual para cubrir esta fase es necesario tener al alcance una amplia información bibliográfica, así como una base de conocimiento adecuados para desarrollar el trabajo. Es decir, presenta una visión general de todos los momentos relacionados con el fenómeno; a la vez que explica brevemente la ubicación del estudio en el contexto del conocimiento en el que está inscrito, mencionando los principales trabajos que se han realizado hasta ese momento sobre el mismo.

El marco de referencia. En este apartado se explica brevemente la ubicación del problema en el contexto del conocimiento y se mencionan los adelantos existentes y los principales trabajos que se han realizado hasta ese momento.

Marco histórico. Esta sección se refiere al desarrollo histórico del problema. En esta parte es necesario señalar cuándo aparece el problema e indicar región o comunidad, así como su evolución a través del tiempo y quiénes han intervenido directamente en las modificaciones del mismo.

Hipótesis. Es el enunciado principal, eje de la investigación. Las hipótesis pueden ser exploratorias, descriptivas o correlacionales o explicativas. Los criterios para su formulación deben referirse a un ámbito de la realidad social, mientras que los conceptos utilizados para ello deben ser claros y precisos.

Esquema de trabajo o índice. En este apartado deben ordenarse los títulos y subtítulos de los capítulos, secciones, apartados, subapartados y demás divisiones internas de la investigación, especificándose las distintas jerarquías, a efectos de que la notación sea lógica .

Metodología. En esta sección se expone de forma sistemática el proceso mediante el cual se realizará la investigación, indicándose los pasos que se darán para determinar el tipo de estudio y el diseño que se utilizará, así como el sujeto, universo y muestra, y los diversos instrumentos y/o técnicas que se piensa aplicar.

Cronograma o agenda de trabajo. Es la presentación de las actividades o etapas que tendrán que llevarse a cabo durante la realización del trabajo, con su correspondiente calendarización.

Para dividir los periodos de trabajo se debe tomar en cuenta el tiempo del investigador para la terminación del mismo.

Bibliografía. La selección de textos, documentos, revistas, etcétera necesaria para realizar la investigación debe ordenarse de acuerdo con el modelo editorial que indique el área académica: para trabajos sobre ciencias sociales se utiliza el modelo editorial, Asociación Americana de Psicología (APA); para estudios sobre humanidades se recomienda el modelo editorial de la Asociación de Lenguas Modernas (MLA); para investigaciones sobre historia se sugiere el modelo latino (ML).

La redacción del informe académico

Introducción

La introducción es la parte esencial de todo los trabajos de investigación, pues proporciona información previa sobre el contenido del estudio. Esta sección no se elabora al principio sino que se redacta una vez que se ha concluido el trabajo, porque sólo terminado se puede conocer y expresar su contenido completo, sus limitaciones y sus logros. Sin embargo, se puede hacer una *preintroducción*, la cual puede ser una guía útil.

Al redactar la introducción, conviene cubrir las siguientes etapas:

- Exponer el tema o problema que se va a estudiar.
- Explicar por qué se eligió tal problema o tema.
- Señalar el marco empleado en el estudio.
- Mencionar las técnicas empleadas y la forma en que se desarrolló la investigación.
- Comentar el origen del problema y las causas que lo generaron.

Algunos vicios que deben evitarse:

- Redactar la introducción en un estilo informal, vago o redundante.
- Señalar aspectos innecesarios.
- Profundizar en aspectos secundarios.
- Exponer asuntos personales ajenos a la introducción.

Desarrollo

En esta etapa se exponen y se sustentan las ideas que apoyan la investigación. Ésta es la parte más extensa, donde se analiza el problema, se lo desmenuza, se sacan deducciones y se fundamenta la hipótesis. Además, se argumenta objetivamente, no subjetivamente, es decir, se emplean argumentos lógicos, no disquisiciones pseudocientifícas.

Conclusiones

Mientras que en la introducción se plantea el problema, las interrogantes que se busca responder, en las conclusiones se presentan los resultados, es decir, las explicaciones o soluciones al objeto de investigación. Ademas, se deben señalar las partes del problema que no se lograron resolver. Por último, se pueden hacer recomendaciones para realizar otra investigación y se plantean nuevas problemáticas de estudio.

Recomendaciones sobre el estilo de redacción

A continuación se presentan algunas recomendaciones a fin de lograr un estilo de redacción científico.

1. Redactar en un tono objetivo e impersonal.
2. Escribir en tercera persona.
3. Una vez que se ha realizado la investigación documental o de campo, y se redacta la tesis o tesina, se debe utilizar el pretérito ya que lo descrito ya ocurrió. La discusión de los resultados en la presentación de las conclusiones se escribe en tiempo presente, lo que le permite al lector evaluar la investigación.
4. Evitar vicios como la repetición de la palabra "cosa", "mismo", etcétera.
5. Preferir las formas verbales activas.
6. Economizar los pronombres, especialmente si el verbo ya lo indica.
7. Tener cuidado cuando se usa "el suyo" o "aquel" ya que puede no quedar claro a qué se refiere.

8. Tener cuidado con la puntuación y los signos auxiliares.

9. Tener cuidado al emplear palabras abstractas, tecnicismos, neologismos, etcétera.

10. Cuando se emplee alguna sigla o abreviación especial, primero se debe indicar el nombre completo de la institución y después entre paréntesis la siglas; por ejemplo: Instituto Nacional Indigenista (INI).

11. El asunto central se debe considerar rápida y concretamente. Es necesario que en la primera oración de cada párrafo se exponga la idea principal del mismo. El mensaje no debe diluirse con términos vagos e imprecisos. Evitar los párrafos de una sola oración; redactar oraciones breves. Proporcionar coherencia entre los párrafos.

El plagio académico

La palabra plagio se deriva del vocablo latino *plagiarius*, que implica una forma de copiar ideas, palabras, imágenes, música, escultura, planos, gráficas, etcétera, de un autor, sin reconocerlo en una investigación.

En la industria discográfica se escucha frecuentemente la palabra piratería como sinónimo de plagio, es decir la reproducción en audio de la letra y música de una obra sin autorización del autor. El plagio en esta industria genera severos problemas penales.

Probablemente el estudiante universitario habrá discutido en alguna de sus clases sobre el plagio académico. Pero, ¿cuándo surge éste? Comienza en el momento que a estudiantes de secundaria se les encarga el reporte de un tema, y ellos transcriben lo publicado en una enciclopedia, diccionario o Internet. A este tipo de actividad se le llama plagio sin intención, pues los alumnos la realizan como parte del proceso para memorizar conceptos, no para realizar una investigación académica. Desafortunadamente muchos estudiantes continúan aplicando este tipo de "método" en la universidad. Algunas asociaciones son muy estrictas con respecto al uso de referencias. Así, por ejemplo, la **Asociación Americana de Psicología** dispone que para utilizar una cita de un autor sólo deben utilizarse hasta

500 palabras, más alla de lo cual se debe pedir permiso al autor. Veamos un ejemplo que nos ayude a entender qué es el plagio.

Texto original:

1. Metz, Edwin. Bioquímica. México: Publicaciones Culturales, 1971. p. 251.

La anemia nutritiva produce ciertos síntomas característicos como la palidez y cortedad de aliento, debido a la disminución de la capacidad de la sangre para transportar oxígeno, a la fatiga y al descenso de la resistencia a las infecciones en los seres humanos. En los lechones de tres a cuatro semanas la anemia grave ocasiona un edema subcutáneo que da a los animales un aspecto rechoncho. La respiración toma un carácter como de bombeo y se produce un estado que se denomina "trastazo" con sacudidas esporádicas del diafragma. En muchos casos, la hemoglobina de la sangre puede descender hasta 15% de lo normal. Pintar las mamas de la marrana con una solución de sulfato ferroso (que contiene una pequeña cantidad de sulfato de cobre) evita la enfermedad en los lechones.

En los animales superiores, el cobre desempeña un papel importante en la formación de hemoglobina y es también un componente importante de varias enzimas de metaloproteínas como la oxidasa del ácido ascorbico, lacasa, tirosinasa, polifenol oxidasa, etc. Su participación en la síntesis de la hemoglobina no se ha comprendido claramente, debido a que este elemento no es un componente de la hemoglobina.

Plagio

1. Es decir, en los lechones de tres a cuatro semanas la anemia grave ocasiona un edema subcutáneo que da a los animales un aspecto rechoncho. La respiración toma un carácter como de bombeo y se produce un estado que se denomina "trastazo" con sacudidas esporádicas del diafragma.

   Comentario: Esta oración está copiada directamente de la fuente y no se proporciona ninguna referencia.

2. Es decir "en los lechones de tres a cuatro semanas, la anemia grave ocasiona un edema subcutáneo que da a los animales un aspecto rechoncho. La respiración toma un carácter como de bombeo y se produce un estado que se denomina 'trastazo' con sacudidas esporádicas del diafragma".

   Comentario: La oración está copiada directamente de la fuente. Se utilizaron comillas para indicar que la oración no es original del que redacta. Ello no es suficiente, pues se necesita más referencia.

3. En los animales mamíferos, como el marrano de tres a cuatro semanas, la anemia grave ocasiona un edema subcutáneo que les da un aspecto rechoncho. La respiración de éstos toma un carácter como de bombeo y se produce un estado que se denomina "trastazo" con sacudidas esporádicas del diafragma.

   Comentario: En este caso la oración no fue lo suficientemente alterada como para ser una paráfrasis de la original, aunque la fuente está identificada.

4. Por otra parte, Edwin Metz explica que los animales mamíferos, como el marrano de tres a cuatro semanas, la anemia grave ocasiona un edema subcutáneo que da un aspecto rechoncho. La respiración de éstos toma un carácter como de bombeo y se produce un estado que se denomina "trastazo" con sacudidas esporádicas del diafragma.

   Comentario: La oración no fue lo suficientemente alterada como para ser una paráfrasis de la original, aunque la fuente está identificada.

Documento con referencia:

5. En este texto, Bioquímica (1971), Edwin Metz explica con detalle qué es la anemia nutritiva, ya que produce síntomas muy graves en los lechones. (p. 251).

   Comentario: El párrafo de Metz está resumido y la referencia está debidamente documentada en el texto y en la cita.

6. Edwin Metz (1971) expone una de las enfermedades de los lechones: "en los lechones de tres a cuatro

semanas la anemia grave ocasiona un edema subcutáneo que da a los animales un aspecto rechoncho. La respiración toma un carácter como de bombeo y se produce un estado que se denomina "trastazo" con sacudidas esporádicas del diafragma". (p. 251).

Comentario: Parte de la oración de Edwin Metz está citada literalmente y debidamente documentada en el texto y en la cita.

7. Edwin Metz (1971) aclara que "en muchos casos, la hemoglobina de la sangre puede descender hasta 15% de lo normal." (p. 251).

Comentario: La oración de Metz es una cita literal debidamente documentada en el texto y en la cita.

8. En el trabajo, Bioquímica, Edwin Metz (1971) anota:

> La anemia nutritiva produce ciertos síntomas característicos como la palidez y cortedad de aliento, debido a la disminución de la capacidad de la sangre para transportar oxígeno, a la fatiga y al descenso de la resistencia a las infecciones en los seres humanos. En los lechones de tres a cuatro semanas la anemia grave ocasiona un edema subcutáneo que da a los animales un aspecto rechoncho (p. 251).

Comentario: Si más de tres líneas de material están citadas literalmente de la fuente original, la referencia se debe incluir fuera del texto y dejarse cinco espacios desde el margen izquierdo. Las comillas no son necesarias cuando así se haga y se utiliza la forma correcta de documentación.

Encabezados o títulos

En cualquier documento los encabezados son muy importantes ya que indican la organización del mismo a la vez que establecen la significación de cada tema. Sin embargo, no es necesario indicar el número de todos los capítulos, por lo que cada uno sólo debe comenzar con el nombre del mismo y sin punto final. De acuerdo con el manual APA, se recomiendan los siguientes niveles de encabezados:

Nivel uno

Encabezado centrado con mayúsculas y minúsculas

Nivel dos

Encabezado centrado y subrayado con mayúsculas y minúsculas.

Nivel tres

Encabezado subrayado con mayúsculas y minúsculas (empezando en el margen izquierdo).

Nivel cuatro

Encabezado de párrafo con sangría, en minúscula subrayado, alineado a la izquierda y que finaliza con punto.

Nivel cinco

ENCABEZADO CON MAYÚSCULAS CENTRADO

Con respecto a los subtítulos, se debe dejar antes de que se escriba un espacio equivalente a dos líneas, y otro de una sola entre el subtítulo y el texto que le sigue. No se debe dejar espacio entre párrafos.

Epígrafe

Los epígrafes se deben escribir alineados a la derecha y ocupan dos tercios del ancho de la página. El nombre del autor que se cita se debe separar con una línea en blanco, y dejarse una más antes de iniciar el texto. En un paréntesis se debe indicar la referencia.

Índice o tabla de contenidos

El índice general debe estar completo, esto es, debe reproducir con exactitud todos los títulos y subtítulos de capítulos, secciones, apartados, subapartados y demás divisiones de la investigación. Cuando se elabora, deben especificarse claramente las distintas jerarquías, a fin de que la anotación tipográfica, número o letra sea lógica y coherente dentro del texto.

Paginación

El orden de las páginas preliminares debe indicarse por medio de números romanos escritos con minúscula. El primero y los subsiguientes capítulos, hasta la bibliografía, deben ser numerados con arábigos. Las páginas finales, así como los anexos, apéndices, glosarios, etcétera, debe continuar la numeración romana de las hojas preliminares de la tesis.

Todas las páginas de la tesis se enumeran en la parte superior derecha del margen, a excepción de la primera de cada capítulo, que sólo cuenta para continuar la secuencia de la paginación.

Apéndices

Un anexo o apéndice es útil (al final de la investigación) si la descripción detallada de ciertos materiales es distractora o no es apropiada en el cuerpo de la investigación. Algunos ejemplos de material usado durante la investigación son los cuestionarios diseñados específicamente para el trabajo, gráficas, mapas, notas, etcétera. Si existe más de uno, deben indicarse así: Apéndice A, Apéndice B, etcétera.

Tipos de letra

El importante distinguir dos tipos de letras: la cursiva y la negrita. Las primeras, conocidas también como itálicas, son letras de tipo inclinado que se utilizan para escribir el título de un libro, artículo de libro, nombre de periódicos y en algunos casos para hacer resaltar palabras y conceptos.

Las negritas son letras que se imprimen en color negro más intenso que las comunes, se utilizan en títulos y subtítulos, o frases que se desea remarcar. Se aconseja no sobreutilizar este tipo.

Números

Se deben escribir con letra las cantidades de uno a nueve, y con número las de 10 en adelante. Sin embargo, cuando la cantidad abre un párrafo o va después de un punto y seguido, debe escribirse siempre con letra. Si se trata de números redondos puede representarse con palabras: sesenta personas, noventa años, u ochenta millones de dólares; 4 mil kilómetros de carretera. Las estimaciones también deben escribirse con letra; unas veinticinco hectáreas; como doscientas reses. La fecha va con números arábigos: 1557, 1492. Por otra parte, para indicar los siglos se utilizan números romanos: siglo XV, siglo XIX, etcétera. En general se escriben con cifras los números que indican:

Series

Fechas

Números de páginas

Horas

Porcentajes

Unidades de medida

Fracciones

Títulos específicos

Edades

Cifras de resultados

Referencias a figuras, tablas o capítulos

Domicilios

Resultados estadísticos

Cuando un número tiene cuatro o más cifras, los millares se separan con un punto o con una coma; no se emplean éstos cuando los números indican fecha, páginas de libros o domicilio. Los números ordinales siguen, para su escritura, la misma regla que los cardinales.

Números romanos

Algunos autores emplean los números romanos con minúscula para indicar las páginas preliminares de un trabajo de investigación. Por otra parte, los números romanos con mayúscula se usan para indicar los siglos, volúmenes, actos de obras de teatro, etcétera.

Los signos de puntuación dentro de la tesis

Existe la necesidad de utilizar los signos de puntuación dentro de la tesis, porque sin ellos podría resultar dudoso y oscuro el significado de las oraciones.

El *punto* (.) cierra las frases o los párrafos y las separa dentro de un párrafo. Una frase expone una idea mientras que el párrafo la completa, de modo que la pausa del punto sirve para separar una idea de otra.

La *coma* (,) establece una pausa dentro de la frase, pero esta frase nunca se coloca antes de expresar en forma completa una parte de esa idea. La coma establece un descanso después del cual se continúa con la expresión de la misma idea que se había comenzado a expresar.

El *punto y coma* (;) tiene una función parecida a la del punto y a la de la coma por separado, pues aparta decididamente (más que la coma, menos que el punto) dos frases. Cuando en un párrafo existe punto y coma, es seguro que las dos frases separadas por tal signo tienen algún aspecto esencial en común, por ejemplo, referirse a un mismo asunto. Se utilizan también para referir a dos autores que se ocupan del mismo tema. Por ejemplo: (López Arreguín, 1998; Martínez Aguilar, 1998).

El *signo de interrogación* (¿ ?) se emplea para encerrar oraciones o frases que denotan duda; a veces se utiliza sólo uno de ellos. Ejemplo: Vivió en Alemania(?) o nació en 195(?).

El *signo de admiración* (¡ !), además del uso tradicional que se le da, sirve para indicar que un dato o afirmación es gracioso, significativo, etcétera.

Las *comillas* (" "), por lo común sirven para citar lo expresado por un o unos autores. Las comillas sirven para integrar la frase ajena al discurso propio, al mismo tiempo que la separa. También para indicar sentido irónico o destacar neologismos, palabras o frases de doble sentido.

Las comillas sencillas (' '), se utilizan cuando en una entrecomillado hace falta abrir otras comillas.

Las vírgulas (<< >>) tienen el mismo uso que las comillas.

El asterisco (*), se usa como llamado de nota.

El *apóstrofo* (') indica omisión de una letra. Ejemplo: *pa' qué* = para qué.

Los *corchetes* [ ], se utilizan para encerrar intervenciones del autor dentro de una cita. Si tienen puntos suspensivos en su interior [...], para indicar omisiones parciales en una transcripción. También sirven para insertar material con adicional explicación, para [añadir o enfatizar una palabra] y para señalar [cursivas añadidas] en una cita.

Los *paréntesis* ( ), sirven para cerrar palabras o frases, al quitarlas de la oración principal como si se constituyera una acotación, un comentario o una explicación sobre lo que se dice. Lo que se incluye entre paréntesis tiene siempre relación con aquello que refiere la oración principal. Además, se utilizan para resaltar elementos estructuralmente independientes (vea ejemplo 5).

El *párrafo*, (§), (¶), se emplea para indicar las secciones o fracciones de un artículo, un capítulo, etcétera. En las referencias donde no se encuentre número de página, se puede dar la referencia bibliográfica en el cuerpo del trabajo por párrafo (Mendoza, § 3) o (Mendoza, ¶ 8)

El *guión* (-) se utiliza para unir ciertas palabras, cifras o para indicar diálogo.

Los *puntos suspensivos* (...), pueden interrumpir una frase (son muy usuales en los diálogos) y tienen como función, según el *Diccionario de la Real Academia*, denotar que "queda incompleto el sentido de una oración o cláusula de sentido cabal, para indicar temor o duda, o lo inesperado y extraño de lo que ha de expresarse después". En las citas largas son usados cuando se interrumpe una frase citada en el cuerpo del trabajo. ". . .por lo que definió el concepto". Si se transcribe una cita y se omite alguna parte del texto original, los puntos suspensivos deben ir separados por un espacio. . . En el caso de que la omisión se inicia en punto y seguido se dejará. . . . No deben ir [ ] o ( ), porque querría decir omisión de párrafo.

La utilización correcta de los signos de puntuación dentro de una investigación facilita la comprensión de la lectura. El diccionario precisa el sentido de unos y la función de otros. El uso de estos signos ayuda a efectuar una buena lectura. Palabras y signos de puntuación viven condicionándose recíprocamente en el lenguaje escrito.

Capítulo 6

Modelo editorial de la Asociación Americana de Psicología

Objetivo

Que el estudiante conozca y aplique el modelo editorial de la Asociación Americana de Psicología (APA) en sus trabajos académicos.

Modelo de la asociación americana de psicología (APA)

La Asociación Americana de Psicología (APA) recomienda un estilo de fecha-autor para las citas en el texto, las cuales remiten a los lectores a una lista de referencias al final del trabajo. Las citas en el texto APA incluyen al menos el apellido del autor y la fecha de publicación. Para realizar estas citas directas, se proporciona también el número de páginas. En algunos parafraseos se omiten las páginas.

Formato básico de una cita en el texto

Por lo regular se introduce la cita en el cuerpo del trabajo, entre paréntesis, con una frase señal que incluye el apellido del autor, seguido por la fecha de publicación. Hay diversos tipos de frases señal. Cuando se trata del trabajo de un solo autor, se debe poner el número de página, después de "p." entre paréntesis al final de la cita textual breve. *Frase señal.*

> Heidegger (1952), la piedra misma por su luminosidad hace "que se muestre la luz del día, la amplitud del cielo, lo sombrío de la noche. Su firme prominencia hace visible el espacio invisible del aire" (p. 71).

Cuando el nombre del autor no aparezca en la frase señal, se pone su nombre, la fecha y número de página entre paréntesis al final de la cita. Se utilizan comas para separarlos dentro del paréntesis:

> La piedra misma por su luminosidad hace "que se muestre la luz del día, la amplitud del cielo, lo sombrío de la noche. Su firme prominencia hace visible el espacio invisible del aire" (Heidegger, 1952, p. 71).

Cuando es una cita textual breve ésta se incluye en el párrafo propio, siempre que no pase de tres líneas, en cuyo caso se abren y cierran comillas, al principio y al final, respectivamente.

> En los centros penitenciarios femeninos del Distrito Federal, "en lo que se refiere al delito, 32% de las mujeres se hallan internas por delitos contra la salud" (Azaola y Yacamán, 1996, p. 31).

Cuando es una cita textual larga, es decir, cuando sobrepasa los tres renglones, se eliminan las comillas, pues se incluye en párrafo aparte. Ejemplo:

> En los centros penitenciarios femeninos del Distrito Federal se encuentran recluidas:
>
> *Letra de número 10 a espacio cerrado*
>
> 32% de las mujeres se hallan internas por delitos contra la salud; 19% por homicidio; 15% por robo; 85 restante por robo de infantes y 14% por otros delitos. En su mayor proporción(48%), las internas se encuentran cumpliendo sentencias que van desde los seis hasta los diez años (Azola y Yacamán, 1996, p. 31).

Formato básico de un resumen o parafraseo

Cuando se trata de un resumen o parafraseo, se incluye el apellido del autor y la fecha en una frase señal o entre paréntesis al final. El número de página no es necesario, pero se puede proporcionar para que el lector encuentre una página específica.

> Ejemplo 1
>
> De acuerdo con Paz (1950), la oposición entre el biombo muerte y vida, no era absoluta. La vida se prolongaba en la muerte.
>
> Ejemplo 2
>
> La oposición entre el biombo muerte y vida, no era absoluta. La vida se prolongaba en la muerte (Paz, 1950).

Cita de obra de dos autores

Cuando se trata de cifras a dos autores, se nombra a ambos en la frase señal o entre paréntesis cada vez que se mencione el trabajo. En los paréntesis se debe emplear "y" entre los nombres de los autores, así como en la frase. En el caso que sea una cita textual breve o larga se realiza como se mencionó antes.

Brem y Krausslich (1989), acordaron que los clones de un animal son genéticamente idénticos a éstos. En mamíferos, los clones ocurren naturalmente en pocos casos como en el de los gemelos idénticos.

Los clones de un animal son genéticamente idénticos a éstos. En mamíferos, los clones ocurren naturalmente en pocos casos como en el de los gemelos idénticos (Brem y Krausslich, 1989).

Cita de obras de tres a cinco autores

En este caso se citan a todos los autores la primera vez que aparecen en la referencia. Se identifica a todos ellos en la frase señal o en el paréntesis la primera vez que se cite a la fuente.

Ejemplo 1

Caplow, Bahr, Chadwick, Hill y Williamson (1982), afirman en el estudio sobre divorcio, que se ha notado una fluctuación proporcional entre los años 1920 y 1970.

Ejemplo 2

En el estudio sobre divorcio se ha notado una fluctuación proporcional entre los años 1920 y 1970 (Caplow, Bahr, Chadwick, Hill y Williamson, 1982).

En las citas subsecuentes se debe emplear el nombre del primer autor seguido por "et al." (sin subrayar y sin punto después de "et") y el año, ya sea en la frase señal o dentro del paréntesis. Ejemplos:

Ejemplo 1

La incidencia de abuso de la esposa es más alto, reportan los investigadores (Caplow et al., 1982).

Ejemplo 2

Caplow et al. (1982), la incidencia de abuso de la esposa es más alto, dicen los investigadores.

Cita de obras de seis o más autores

En este caso se utiliza sólo el nombre del primer autor seguido de "et al." en todas las citas.

> A las familias de las comunidades de los años sesenta, les gustaba educar a los niños compartiendo las responsabilidades con todos los miembros adultos de la misma (Berger et al., 1971).

Autor desconocido

Si el nombre del autor no se conoce, se usan las primeras palabras del título en la frase señal o en la cita entre los paréntesis. Si la cita ha sido traducida por el propio investigador, se debe asentar: La traducción es mía, antes del título.

> La UFO informa que la tripulación de una aerolínea japonesa sigue siendo un misterio. Las cintas del radar no confirmaron la presencia de otra anomalía (La traducción es mía, "Strange Counter", 1987).
>
> Si el creador de la obra no aparece se debe utilizar la palabra "anónimo" como autor: (Anónimo, 1987).

Autor corporativo

Si el autor es una dependencia gubernamental u otra organización corporativa con un nombre extenso, se escribe completo en la primera cita y se abrevia entre corchetes. Para las siguientes citas sólo se usa la abreviatura.

Primera cita:	(Instituto Nacional de Antropología [INAH], 1996)
Segunda cita:	(INAH, 1996)

Dos o más trabajos en el mismo paréntesis

Cuando la cita entre paréntesis mencione dos o más trabajos, se ponen en el mismo orden en el que aparecen en la bibliografía separados por punto y coma.

Algunos investigadores comentaron que ese plan experimental fue imperfecto (Berger et al., 1971; Smith, 1990).

Un trabajo *El otro trabajo*

Autores con el mismo apellido

Para evitar confusión se utilizan las iniciales de los nombres con el apellido, sólo si la bibliografía incluye autores con el mismo apellido.

La investigación de J. Tamayo (1987) revela que los sistemas de comunicación son más rápidos.

Partes específicas de una fuente

Cuando es necesario citar una parte específica de una fuente, como una tabla, un mapa, una imagen, etcétera, se menciona la información abajo de la ilustración y se incluye la palabra capítulo y página abreviada.

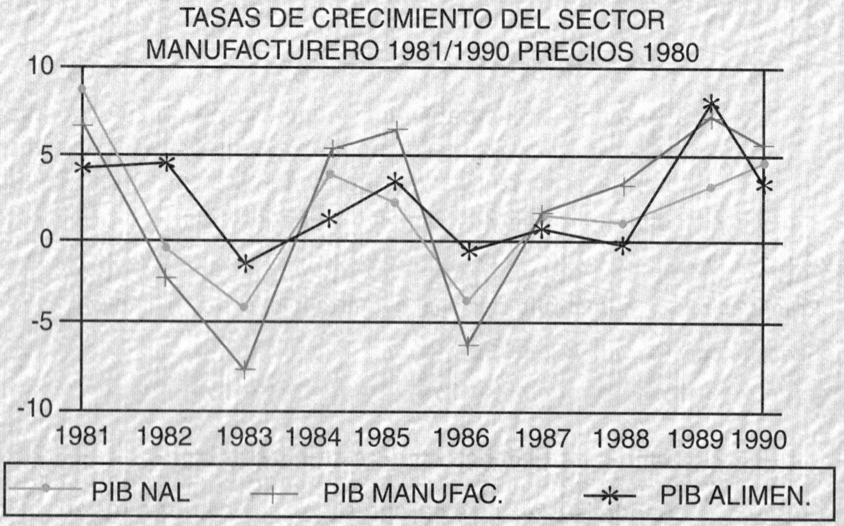

Güemes, 1993, Cap. 3, p. 173

PRODUCTIVIDAD EN TELMEX

	1	2
1980	10.3	16 303
1981	10.3	17 519
1982	10.3	18 022
1983	10.1	17 609
1984	10.2	17 856
1985	10.5	17 846
1986	10.7	18 071
1987	11.2	17 947
1988	11.7	17 444
1989	10.5	20 367
1990	9.6	22 624

1 Empleados por mil líneas
2 Conferencias larga distancia por trabajador

Sánchez Daza, 1993, Cap. 2, p. 124

Si se cita una imagen o gráfica que se elaboró durante la investigación, abajo de la gráfica se debe escribir: Fuente: Elaboración propia.

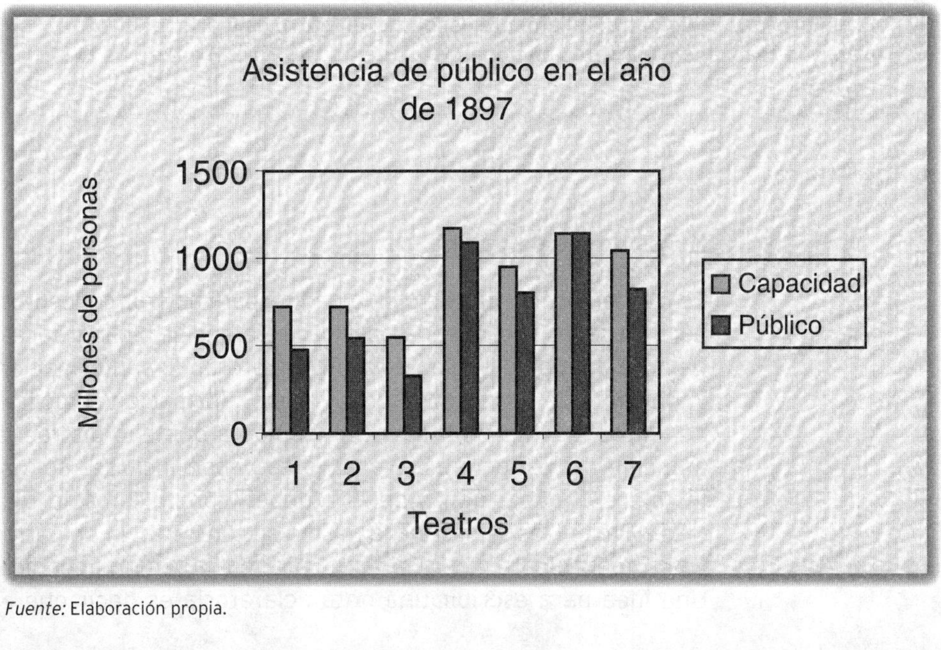

Fuente: Elaboración propia.

Comunicación personal

Conversaciones, memorandos, notas, cartas, correo electrónico y comunicaciones similares deben citarse con iniciales, apellido y la fecha precisa.

> C. Fuentes (carta personal, octubre 12, 1987) predice que el gobierno encontrará una solución al conflicto de la UNAM, muy pronto. . .
>
> M. Rodríguez (correo electrónico, marzo 25, 2001) advierte que de continuar talando árboles el ecosistema sufrirá. . .

Nota: No se incluyen cartas personales en las referencias bibliográficas de los trabajos propios.

Internet

Para citas especificas de la página Web, es necesario indicar el capítulo, figura, tabla, etcétera. Cuando la cita es textual se debe proporcionar el nombre del autor (si se le conoce) y si no, se deben mencionar las dos primeras palabras del artículo. Depués, el número de página o numerar el (los) párrafo(s) si está(n) disponible(s) y si no lo está(n) puede(n) ser omitido(s).

> El género más antiguo y ampliamente usado fue el teatro de marionetas en Taiwán, y lo realizaban titiriteros aficionados. . . (Lamus, 1997, p. 1) o (Lamus 1997, párr. 3).

párrafo *página*

Notas de pie de página

Se pueden usar notas de pie de página para aclarar conceptos, pero no se las recomienda para dar referencias bibliográficas. La nota de pie de página aclaratoria, profundiza información importante de un texto; no debe incluir información complicada, improcedente o no esencial, debido a que ello distrae la atención de los lectores. Dicha notas deben incluirse sólo si fortalecen la reflexión. Además, deben comunicar sólo una idea. Si mientras se escribe la misma se convierte en un párrafo, es conveniente incluir el texto informativo en un apéndice. Una idea para escribir una nota aclaratoria es decir que el material en cuestión se encuentra disponible en un apéndice. La mejor manera de que un autor integre información importante en el texto, no es en una nota de pie de página sino en el texto. Las notas de autorización de derechos de autor se indican sólo en pie de página.

Lista bibliográfica

En el estilo APA, la lista alfabética de los trabajos citados se llama "Referencia." Los principios generales son los siguientes:

A. Se deben invertir los nombres de todos los autores y utilizar abreviaturas, en lugar del nombre. Si el profesor prefiere que se escriban los nombres sin abreviaturas se puede hacer. En el caso de que el libro tenga dos o más autores se debe emplear "y", separar los nombres con comas (si se desea).

B. Es necesario emplear todos los nombres de todos los autores, sin utilizar "et al.".

C. Se debe poner la fecha de publicación entre paréntesis inmediatamente después del apellido del autor.

D. Es preciso subrayar títulos y subtítulos de libros y poner en mayúscula la primera palabra del título y subtítulos.

Nota: Se pueden usar letras cursivas en lugar de subrayar los títulos.

E. No se deben poner los títulos de artículos entre comillas. Mayúscula sólo en la primera palabra. Los nombres de periódicos deben comenzar con mayúsculas. Subrayar el número de volumen.

F. Se utiliza la abreviación "p." (o "pp." para plural) antes del número de página de artículos de periódicos y trabajos en antologías. No es necesario emplearlo para dar el número de página de artículos que aparecen en revistas y en periódicos escolares.

G. Se puede utilizar la forma corta del nombre de una publicación, siempre y cuando se pueda identificar.

H. La lista de referencias debe estar ordenada alfabéticamente. Primero, el apellido del autor (o editor); si no existe autor o editor, se debe ordenar de acuerdo con la primera palabra del artículo que no sea Un, Una, El, La.

I. La primera línea, no lleva sangría pero sí los demás (cinco espacios). Esta técnica, que se llama "sangría colgante", se utiliza para la copia final: trabajos de estudiantes y artículos actuales en periódicos.

J. Cuando la bibliografía incluye publicaciones escritas por dos o más autores con el mismo apellido, éstos se deben ordenar con base en los siguientes criterios:

- Por año de publicación e identificados mediante los sufijos a, b, c, después del año.

Romero, F. (1995a)

Romero, F. (1995b)

- Al final se deben consignar las referencias que se encuentran en imprenta.

Martínez, O. (1997)

Martínez, O. (2002)

K. Es necesario encerrar entre corchetes aquella información no rutinaria que resulte importante para la identificación y la recuperación inmediata después del título del artículo. Los corchetes indican una descripción de forma, no un título [Ejemplar especial] [Resumen] [Monografía] [El original del libro está en latín].

Libros

Formato básico de un libro

Apellido *Nombre del autor abreviado* *Título del libro*

Méndez, E. (1988). Metodología Guía para elaborar diseño de Investigación. Bogotá: Mc.Graw-Hill.

Rivadeneira Prada, R. (1977). Periodismo. México: Trillas.

Dos o más autores

Biddle, B J., y P. Rodríguez (1970). Los Nuevos medios de Comunicación en la enseñanza moderna. Buenos Aires: Paidós.

Gómezjara, F., y Selene de Dios, D. (1973). Sociología del Cine. México: Secretaría de Educación Pública.

Martínez de Ita, M. E, Campos Ríos, G. Herrera Lima, F. F. Sánchez Daza, Germán, García Güemes, A. (1993). El proceso de reestructuración en México. México: Universidad Autónoma de Puebla.

Autor corporativo

Cuando el autor es una organización, ésta es, por lo regular, la editorial. En tal caso, se menciona la editorial como "autor."

Salvat. (1974). Teoría de la imagen. Barcelona-México: Salvat Editores.

Universidad de las Américas. (1990). Catálogo 1990-1991. México: UDLA.

Autor desconocido

Nuestro Futuro. (1998). México: Gobierno del Estado de Puebla.

Enciclopedia

Fox, R.W., and Lears, T. J. J. (Eds.). (1993). *The* power of culture: Critical essays in American history. Chicago: University of Chicago Press.

Compilación

Murano, H. (Comp.) (1977). La comunicación de masas. Argentina: Centro editor de América Latina.

Benveniste, E. (1977). Problemas de Lingüística general II (Trad. Almela, J.). México: Siglo XXI (Edición original 1974).

Otra edición que no es la primera

Santos Belandro, R. B. (1997). Arbitraje comercial internacional. (2ª.ed.) México: Pereznieto editores.

Trabajo de una antología

Gruschaka, S. (1996) Literatura comparada traducción literaria. Análisis de dos novelas traducidas Muestras de infancia de Cristina Wolf y Mexikanischer tango de Ángeles Mastreta. Marlen Rall y Dieter Rall (Eds), Letras comunicantes (pp. 387-414) México: Universidad Autónoma de México.

Ochs, E., and Schieffelin, B. (1984). Language acquisition and socialization: Three developmental stories. In R. Shweder and R. Levine (Eds.), Culture theory: Essays in mind, self, and emotion (pp. 324-456). New York: Cambridge University Press.

Dos o más trabajos del mismo autor

Se debe utilizar el nombre del autor en todas las entradas, ordenadas por fecha, la más antigua en primer lugar.

Guiraud, P. (1971). La semiología. México: Siglo XXI.

Guiraud, P. (1983). La semántica. México: Fondo de Cultura Económica.

Prólogo, prefacio o introducción

Diego, G. (1981). Prólogo. García Lorca-Lola la comediante. Madrid:Alianza.

Artículos de periódicos

Artículo de un diario

Apellido *Nombre del autor abreviado* *Título del artículo sin subrayar*

Montemayor, C. (Nov. 1, 2000). Los documentos de Gutiérrez Barrios. La Jornada, p. 12.

Mayoral Jiménez, I. (julio 9, 2001). Anticipan presiones en tipo de cambio y tasa de interés. *El Financiero.* p. 5 Secc. Finanzas.

Nombre del periódico subrayado

Artículo sin firma

Lejano en México el libro electrónico (Oct. 31, 2000) *Reforma.*

Artículo de un periódico compaginado por volumen

Garduño, E. (1993). Determinación de la percepción sobre la calidad de vida en una comunidad marginada. Revista Latinoamericana de estudios educativos, México, XXIII, No. 4. 125-138.

Artículo de un periódico compaginado por edición

Parra, J.E. (1999). Choque entre invictos. *El Universal*, 63 (54), 30-35.

Artículo de revista

Alarcón, V. (Noviembre, 1999). Los dilemas del PAN ante el año 2000. La Nación, 33. 28 -29.

Máruez Carrillo, J. (Julio-Agosto 2000). El sentido Alegórico y Ruben's en la catedral poblana. Bulevard No. 76. pp. 8-10.

Carta al editor

De Souza, N.C. (1998). Secuestrado [Carta al editor]. América Economía, 52 (4), 10.

Crítica

Blaut, J.M. (1993). [*Review of the book Global capitalism: Theories of societal development*]. Science and society. 57 (1). 106-107.

Dos o más trabajos del mismo autor en el mismo año

Los trabajos se deben citar de acuerdo con el estilo normal, ordenados alfabéticamente, por título. Se deben agregar letras minúsculas empezando con "a" y "b" y así sucesivamente entre los paréntesis inmediatamente después del año.

Pérez Diestre, J. A. (1995a, Mayo). El regreso de los Ángeles, Bulevar, pp. 2-3.

Pérez Diestre, J. A. (1995b, Agosto). Elocuencia iconográfica e iconológica en "Cartas de más", Bulevar. pp. 4-5.

Otras fuentes

Material de una base de datos (banco de datos)

Se recomienda subrayar el título de la investigación localizada en una base de datos, seguido por la fecha, después el nombre de la ciudad y, por último, el del autor (si lo hay). Cuando se localice información de una revista o periódico en una base de datos, éste es el nombre que se subraya. En un paréntesis se debe escribir el nombre específico de la misma incluyendo alguna información adicional.

Federal Bureau of Investigation (1998, Marzo) Encryption on law enforcement. Washigton, DC: Author. Encontrado en la base de datos SIRS (SIRS Government Reporter, CD-ROM, Otoño 1998.

Davis, T. (1992). Examining educational malpractice jurisprudence: Should a cause of action be created for student-athletes? Denver University Law Journal, *69, 57+*. Encontrado, Westlaw en línea base de datos (69 DENULR 57).

Seefeldt, R. W., and Lyon, M. A. (1990, March). Personality characteristics of adult children of alcoholics: *Fact or fiction?* Paper presented at the annual meeting of the American Association for Counselin and Development, Cincinati, OH (ERIC Document Reproduction Service No. ED 326 768)

Resumen de un CD-ROM

Cummings, A. (1995). Test review made essay [CD-ROM]. Learnig. 23(5), 68. Abstract from: ERIK Document Reproduction Service: ERIC Item: 509 271.

Referencias electrónicas

El formato para efectuar referencias electrónicas, como el de la página World Wide Web o Internet, debe incluir el nombre del autor, título del artículo y página. Es importante mencionar la fecha en que se baja la información de la red, porque puede ser modificado el contenido del documento o cambiarse a otro sitio.

Cuando en un documento de la red no se especifique información sobre el autor, es suficiente dar el título y la dirección del sitio.

> Kispsych is a Wonderful Interactive Web sitio for Children. Disponible: http:/www/.kidpsych.org

Cuando el documento especifique información sobre autor, título(s) y fecha, el formato debe ser similar al de un libro impreso.

> Memon, A, and Stevenage, S. (1996, March). Interviewing witness: What works and what doesn't? [32 paragraphs]. Psycoloquy [On-line serial], 7(6). Disponible FTP: Hostname: Princeton. edu Directory: pub/harnad/psycoloquy/1996. volume. 7 file psycoloquy.96.7.6.witness-memory.1.memon

Resumen (Web)

> Rosenthal I. R. (1995). *State of New Jersey V. Margaret Kelley Michaels.* An Over view (Resumen) Psychology, Public Policy, and Law, I, 247-271. Encontrado Enero 25, 1996. En la World Wide Web:
>
> http:/www.apa.org/journals/abl.html/

Artículo de un periódico (Web)

> Rubio, C. (Octubre 31, 2000). Suben a la red obra de Pérez Reverte. Reforma. Disponible: www.reforma.com/cultura.

Resumen de tesis

Pellman, J.L. (1983). Community integration: Its influence on the stress of widowhood (Tesis doctoral, Universidad de Missouri, 1988). Resumen de tesis Internacional. 49. 2345.

Tesis

González Soto, Eduardo. (2000). El humor en la publicidad. (Tesis Licenciatura Universidad Madero).

Documento gubernamental (folleto)

México, Secretaría de la Presidencia y Secretaría de Industria y Comercio. (1976). Inventario de Estadísticas Nacionales, 2 vol., México, 1976.

Conferencia

Jiménez, L. (1997). Calidad de vida y desarrollo sustentable. Algunos indicadores en el caso mexicano. En la conferencia: 2o. Simposio Calidad de Vida, Salud y Ambiente. Cuernavaca. Morelos.

Rivas García, B. (2000). La comunicación global y los negocios internacionales. En el segundo Congreso Internacional de la Universidad Madero. Licenciatura en Lenguas Extranjeras, Puebla, Puebla.

Programa computacional

Notebuilder [Computer software] (1993). Palo Alto, CA: Pro/Tem.

Videocasete

National Geographic Society (Producción) (1987). Animales Salvajes. [Videotape.] Washington, DC: National Geographic Society.

En este capítulo se presenta un ejemplo de un ensayo que utiliza el modelo editorial de la APA.

Ejemplo de portada de un trabajo.

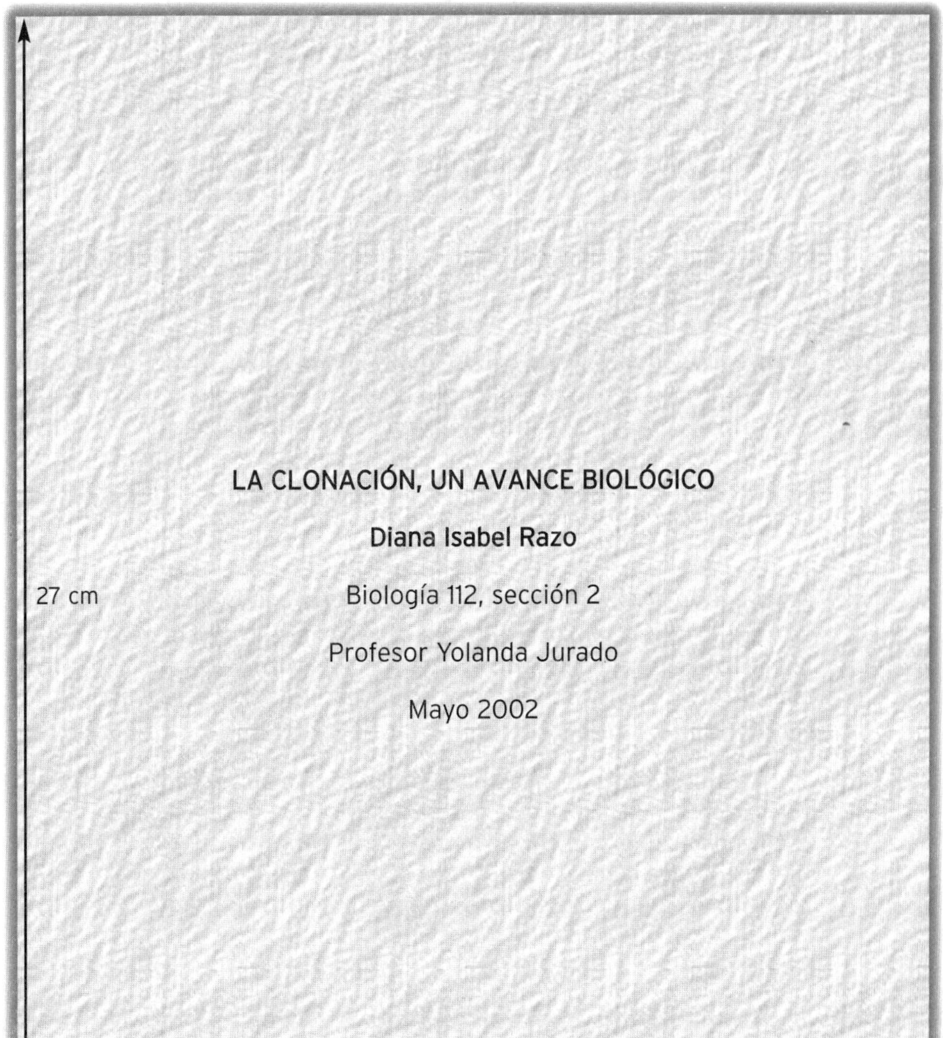
LA CLONACIÓN, UN AVANCE BIOLÓGICO

Diana Isabel Razo

Biología 112, sección 2

Profesor Yolanda Jurado

Mayo 2002

2.5 cm

La clonación 1

I. LA CLONACIÓN, UN AVANCE TECNOLÓGICO

A lo largo de las últimas décadas, los avances en embriología, genética y medicina reproductiva, tanto animal como vegetal, han permitido que la clonación haya pasado a ser un tema con prometedoras aplicaciones, ya que los clones existieron en la naturaleza mucho antes que en los laboratorios o en las películas como Parque Jurásico y Los niños del Brasil.

En realidad, la clonación se hizo presente desde el comienzo de la vida sobre la tierra, porque la reproducción asexuada (esto es, la clonación), es más antigua y difundida entre los animales inferiores. Esta forma de reproducción se presenta en seres como las bacterias, las algas azules, los flagelados, las distomenas, los ciliados y las amebas, entre otros.

Hoy en día, que ha sido estudiada con todo detalle la organización interna de los seres vivos, se tienen razones más que fundadas para considerar que, más tarde o más temprano, se logrará reproducir artificialmente esa organización y demostrar así directamente que la vida no es sino una forma especial de existencia de la materia.

Es así como surgen las investigaciones científicas sobre la clonación; con la finalidad de buscar animales que tengan capacidad para producir mejores características genéticas, para beneficiar la vida humana. Un clon se define literalmente como un organismo producido asexualmente a partir de un único padre y

Título subrayado o en letra itálica

Borde de la hoja

Paginación con el título de la investigación

La clonación 2

que tiene constituciones genéticas idénticas, con la excepción de las variaciones del mismo tipo debidas a la mutación, lo cual nos permite decir que existe tanto la clonación natural como la artificial.

La reproducción asexual es la más común entre animales inferiores, aunque hay excepciones entre algunos organismos unicelulares. Esta forma de reproducción se presenta en seres unicelulares como las bacterias, las algas azules, los flagelados, las diatomeas, los ciliados y las amebas, entre otros. En las amebas y en las bacterias ocurre la separación en dos células a partir de la división del núcleo. En los ciliados se forma una yema y después se divide el núcleo para formar un nuevo individuo. En el caso de otros unicelulares como los tripanosomas y el plasmodium, el núcleo se divide muchas veces y finalmente los nuevos individuos se separan de la célula "madre" al mismo tiempo. Es por esto y muchas cosas de gran interés que hablar de la clonación se vuelve un tema de interés general.

a. Historia de la clonación artificial

La clonación se realiza desde hace más de un siglo, cuando la ciencia médica empezó a manipular la fecundación con el fin de reproducir la vida en el laboratorio. En el año de 1799 se realizó por primera vez una inseminación artificial en animales. En 1944 se hizo el primer intento de fertilización *in-vitro*. Hacia 1949 investigadores descubrieron el glicerol, el cual puede congelar el esperma para hacer uso de éste tiempo después.

Margen superior 2.5 cm

Margen izquierdo 2.5 cm

Margen inferior 2.5 cm

Margen derecho 2.5 cm

La clonación 3

La primera transferencia exitosa de un embrión de una vaca a otra fue en 1951, mientras que en 1952 se produce el primer becerro usado en esperma congelado, en el mismo año el investigador Gurdon, clonó ranas. Hacia 1953 se utilizó el esperma congelado humano para hacer una inseminación artificial.

En 1959 nació la descendencia de un conejo fertilizado *in vitro*. En 1970 clonaron ratones por embrión y dos años después nació su descendencia. En el siguiente año es producido el primer becerro de un embrión congelado. Hacia 1978 nace en Inglaterra el primer ser humano por medio de la fertilización *in vitro*. Durante los dos años siguientes se clonan ovejas y becerros con células embrionarias. Trece años después, en la Universidad George Washington se investiga sobre la clonación con embriones humanos (Elmer-Dewit, 1992, p. 33).

b. Concepto y función de los genes

Los genes, además de ser los factores de la herencia, tienen una enorme importancia, ya que gobiernan la síntesis de proteínas específicas, incluyendo enzimas y hormonas, lo cual, a su vez, significa que controlan completamente la vida de la célula y el organismo en su totalidad y por tener además la capacidad de mutar [cambiar], siendo la llave de la evolución. (Crouch, 1977, p. 39).

Los cromosomas, menciona Crouch, constan de genes y nucleoproteínas los cuales son complejos del ácido desoxirribonucleico (DNA), ácido ribonucleico (RNA) y diversas proteínas. El DNA de

En un parafraseo es necesario dar la referencia

La referencia entre ( ); apellido año y página

La clonación 4

la nucleoproteína es el material del gen, es una especie de plantilla capaz de duplicarse a sí mismo, como sucede en la duplicación de los cromosomas durante la mitosis. También sirve como un patrón para la formación del RNA, lo cual determina la especificidad de las proteínas sintetizadas en una célula o en un organismo. (p. 40).

Así los genes y el DNA representan el cáliz sagrado de la biología, el código de códigos. El culto en el altar de los genes se fundamenta en dos suposiciones. La primera se refiere a la autonomía de la regulación, que es la noción de la información biológica que empieza con los genes, en donde el DNA es el comandante, o sea, el epicentro del cual emana la biología. Nadie le dice a un gen qué debe hacer. La segunda suposición es que cuando los genes transmiten una orden, los sistemas biológicos la siguen. Los genes instruyen a las células acerca de sus estructuras y actividades. (Sapolsky, 1998, p.69.) Afirma Sapolsky (1998) en su artículo: Clonación: pesadilla del gen, que:

> **. . .un gen es una secuencia de DNA, no genera un comportamiento, no produce emociones ni pensamientos efímeros, pero sí produce una proteína. Cada gen es un proceso específico de DNA que codifica una proteína. Algunas de estas proteínas tienen mucho que ver con la conducta, los sentimientos y el pensamiento (p.71).**

Lejos de ser fuentes autónomas de información, los genes obedecen a factores bioquímicos y ambientales que regulan cómo y cuándo funciona. También comprenden hormonas (que transpor-

Cuando la referencia corresponde al autor antes mencionado, se escribe sólo el número de página

Cita textual larga

Número de página

Título del libro

Autor año y página entre ( )

La clonación 5

tan mensajes entre las células) y neurotransmisores (las enzimas que sintetizan y degradan a esos mensajeros), muchos de los mensajeros intracelulares activados por esas hormonas y así sucesivamente. Estas proteínas son vitales para que el cerebro realice su función, pero solamente en raras ocasiones las hormonas y los neurotransmisores generan el comportamiento. En cambio, producen tendencias a responder en el medio ambiente de determinadas materias (1998, p. 69).

Un cromosoma está compuesto por una cadena de DNA, una secuencia inmensa de letras, que codifican la información genética, por ejemplo el gen 1 especificaría la secreción de insulina en el páncreas; el gen 2, la producción de pigmentos de la proteína que proporcionan el color de los ojos, y el gen 3, activo en las neuronas, tendría la facultad de hacernos agresivos. Las versiones de los genes 1, 2 y 3 varían de persona en persona, y en algunas funciona mejor que en otras (Salposky, 1998, p.70).

1.2 El investigador Ian Wilmut crea un clón con células adultas

Keith Campbell, biólogo del Instituto Roslin en Escocia, dice: 'sabía que clonar a un mamífero adulto, según los libros de texto, era prácticamente imposible'. Clonar es la fruta prohibida de la biotecnología. Por 10 años, algunos científicos han clonado ovejas y vacas de embriones y no de células adultas (Cit. en Begley, 1997, p.42).

La cita corresponde al autor antes mencionado, año y página entre ( )

Obra citada en otro libro

El investigador Ian Wilmut, del Instituto Roslin, trabaja desde hace años en la búsqueda de animales con capacidad para producir mejor lana y carne más apetitosa. Hace tiempo logró dar vida a "Megan" y "Morag", dos ovejas nacidas por reproducción asexual pero que no eran verdaderos clones, ya que en el experimento se usaron células de embrión (Begley, 1997. p. 41). Pero a través del tiempo este investigador hizo un procedimiento de clonación con células adultas a la oveja Dolly de la siguiente manera:

1. Se extrajo una célula adulta de una oveja donante.
2. El núcleo de esa célula fue colocado en un óvulo sin fertilizar de otra oveja, al que previamente se le extrajo su propio núcleo.
3. Finalmente ese óvulo fue implantado en el útero de la tercera oveja.

La clave del éxito, dice Begley (1997), en su artículo *Little lamb who made tree?*, estuvo al quitársele los nutrientes necesarios. Al ser colocado en el núcleo de esa célula "adormecida", el óvulo de la segunda oveja halló los nutrientes necesarios para crecer. Pero faltaba algo, el núcleo celular implantado en ese óvulo no tenía las órdenes genéticas necesarias para dividirse, formar un embrión y desarrollarse como un individuo completo.

Las razones de estar a favor o en contra de la clonación son muy discutidas por filósofos y teólogos. Lo que aquí se trató de presentar es un panorama general de la clonación biológica como

Menciona después del autor el año en que se realizó el trabajo entre ( )

La clonación 7

una herramienta para el avance de la ciencia, es decir para mejorar la raza y obtener una fuente de órganos destinados a autoimplantes, sin rechazo inmunológico. Con todo esto no se puede dejar de recordar las experiencias genéticas desarrolladas por Josef Mengele, el médico nazi que, se dice, después de la Segunda Guerra Mundial, radicó en Brasil, Paraguay e incluso Argentina. Se sabe que Mengele realizó pruebas con mujeres embarazadas y también manipuló ebriones con el fin de crear características físicas similares. Este proyecto nunca llegó a concretarse. (Begley, 1997, p. 41.)

En México, científicos de la Facultad de Veterinaria y Zootecnia de la Universidad Nacional Autónoma de México (UNAM) lograron que naciera una becerra muy especial llamada "Bambi". Los veterinarios recolectaron óvulos de vacas y, formados los embriones, los clonaron en una incubadora, después los congelaron y al hallar vacas *Holstein* idóneas, los implantaron en ellas. Aunque varias hembras empezaron la gestación, sólo una completó con el alumbramiento del Bambi (Salpolsky, 1998, p. 45).

Autor, año y página

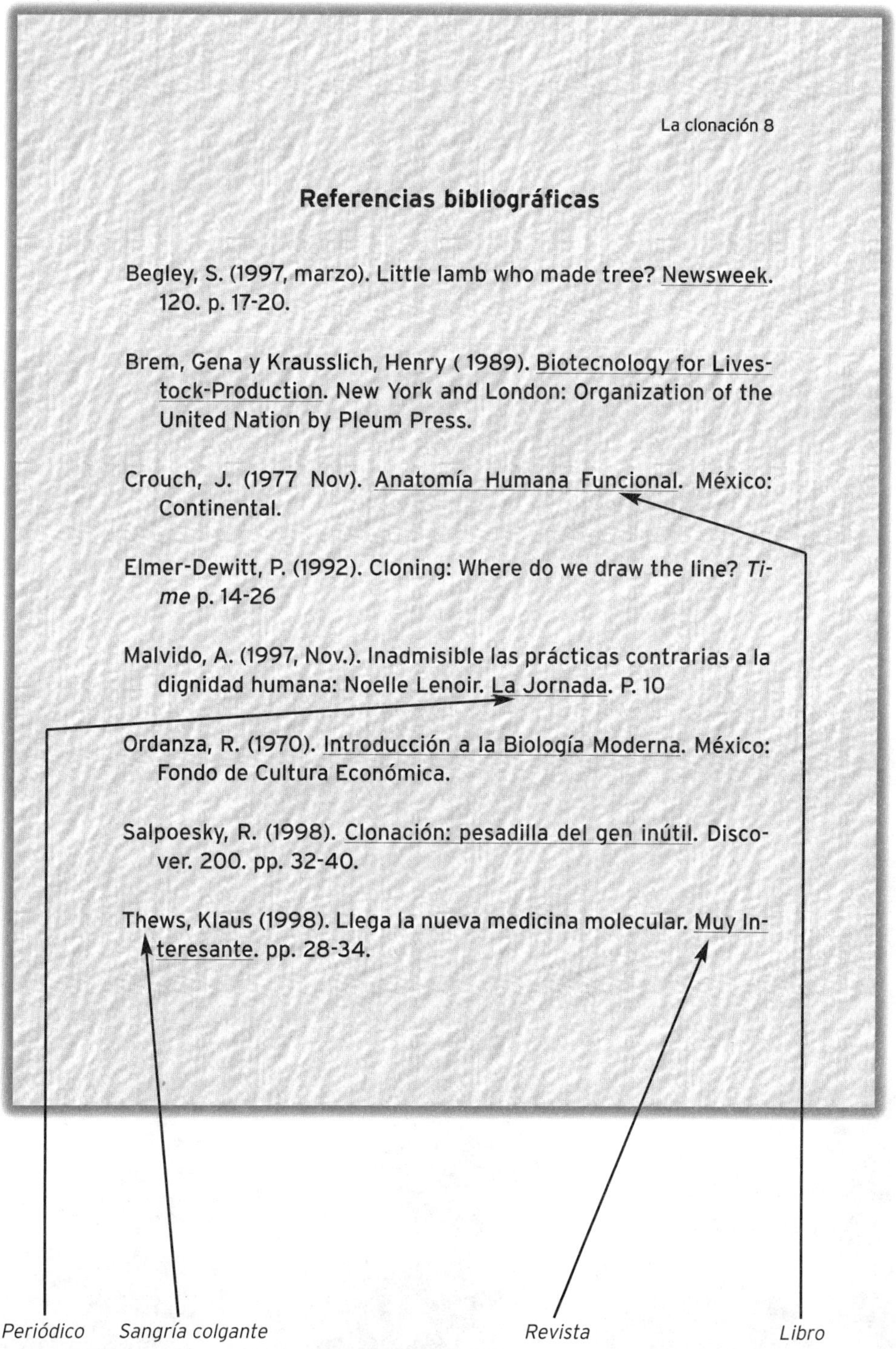

La clonación 8

Referencias bibliográficas

Begley, S. (1997, marzo). Little lamb who made tree? Newsweek. 120. p. 17-20.

Brem, Gena y Krausslich, Henry (1989). Biotecnology for Livestock-Production. New York and London: Organization of the United Nation by Pleum Press.

Crouch, J. (1977 Nov). Anatomía Humana Funcional. México: Continental.

Elmer-Dewitt, P. (1992). Cloning: Where do we draw the line? *Time* p. 14-26

Malvido, A. (1997, Nov.). Inadmisible las prácticas contrarias a la dignidad humana: Noelle Lenoir. La Jornada. P. 10

Ordanza, R. (1970). Introducción a la Biología Moderna. México: Fondo de Cultura Económica.

Salpoesky, R. (1998). Clonación: pesadilla del gen inútil. Discover. 200. pp. 32-40.

Thews, Klaus (1998). Llega la nueva medicina molecular. Muy Interesante. pp. 28-34.

Capítulo 7

Modelo editorial de la Asociación de Lenguas Modernas

Objetivo

Que el estudiante conozca y aplique el modelo editorial de la Asociación de Lenguas Modernas a sus trabajos académicos.

Modelo de la asociación de lenguas modernas (MLA)

Citas en el texto

Las citas de la Asociación de Lenguas Modernas (MLA) en el texto se realizan mediante una combinación de frases de indicación y referencias entre paréntesis. Una frase de indicación señala que algo obtenido de una fuente como cita, resumen o parafraseo, está a punto de ser utilizado. Por lo regular, la misma frase contiene el nombre del autor. En lo que respecta a la referencia entre paréntesis incluye el apellido del autor y el número de páginas.

La primera referencia que se cita en la investigación debe proporcionar el nombre del autor, el año, el título de la obra y la página, mientras que en las subsecuentes se puede omitir el año y el título de la obra. Por otra parte, cuando se repite la misma referencia sólo es necesario escribir el número de la página, sin comas y sin dos puntos, por ejemplo: (36).

Las citas entre paréntesis deben ser concisas, pero lo suficientemente completas como para que el lector pueda encontrar la fuente en la lista de obras citadas al final del trabajo. En la lista bibliográfica las obras están organizadas por orden alfabético de acuerdo con el apellido del autor. Para transcribir *citas textuales,* se deben escribir las mismas palabras, puntuación y ortografía que aparecen en la fuente consultada.

Para transcribir *citas indirectas,* se emplean las palabras del propio investigador para exponer las ideas del otro autor. Los siguientes modelos ilustran el estilo de citación para la MLA.

Nombre del autor en una frase de indicación

Se requiere introducir el material citado con una frase de indicación que incluya el nombre del autor. Dicha frase, además de preparar al lector para la fuente, le permite hacer la referencia corta entre paréntesis.

Cita textual breve:

Autor *Comillas*

Octavio Paz dice acertadamente que "...sorprende que con una material tan vil, como los cumpleaños de los poderosos, Sor Juana haya logrado pequeñas obras que, en su género, son perfectas. . . (443).

Páginas

La frase de indicación –"Octavio Paz dice acertadamente"– proporciona el nombre del autor; la referencia entre paréntesis presenta el número de la página en donde la cita se encuentra. Si busca el apellido del autor en la lista de obras citadas, el lector puede hallar información completa sobre el título de la obra, editorial, el lugar y la fecha de publicación, así como otros datos de relevancia.

Cita textual larga:

Autor

Poetizar según la expresión de Heidegger es:

La poesía despierta la apariencia de lo irreal y del ensueño, frente a la realidad palpable y ruidosa en la que nos creemos en casa. Y, sin embargo, es al contrario, pues, lo que el poeta dice y toma por ser es la realidad (143).

Cita textual larga, sin comillas

Página

Formato básico de un parafraseo o cita indirecta

Si la frase de indicación no incluye el nombre del autor (o si no hay frase de indicación), su apellido debe aparecer entre paréntesis con el número de la página. En un parafraseo no se incluyen comillas, ni se separa el texto de la escritura del autor.

Ejemplo 1

De las loas cortesanas y mitológicas que escribió sor Juana. Sorprende que con un material como los cumpleaños de los poderosos, la monja haya logrado pequeñas obras que, en su género, son perfectas. . . (Paz 443).

No se debe utilizar ninguna puntuación entre el apellido y el número de página

Ejemplo 2

Paz comenta que las loas cortesanas y mitológicas (443).

Dos o más trabajos del mismo autor

Si la lista de obras citadas contiene dos o más trabajos del mismo autor, se debe incluir el título en la frase de indicación, o en una corta versión en la referencia entre paréntesis.

Título del libro *Autor*

Ejemplo 1

En Las trampas de la fe, Octavio Paz advierte que "las loas de sor Juana no fueron menos fecundas ni menos inspiradas que los villancicos" (443).

Página

Ejemplo 2

Octavio Paz advierte que "las loas cortesanas y mitológicas no fueron menos fecundas ni menos inspiradas que los villancicos" (Las trampas de la fe 444).

El título de un libro debe estar subrayado, como se ve en los ejemplos, mientras que el título de un artículo de periódico se escribe entre comillas. En el caso raro de que la referencia sobre el autor y el título se escriban entre paréntesis, la cita debe aparecer de la siguiente manera:

Ejemplo 3

Aunque las loas cortesanas y mitológicas no fueron menos fecundas ni menos inspiradas que los villancicos (Paz, Las trampas de la fe 444).

Dos o tres autores

Si la fuente consta de dos o tres autores, se debe nombrarlos en la frase de indicación o incluirlos en la referencia entre paréntesis.

Los dos autores

Ejemplo 1

Azaloa y Yacamán dicen que las nuevas corrientes del pensamiento criminológico contemporáneo han encontrado en las instituciones y en las prácticas primitivas un terreno difícil para el análisis de las políticas de control social (80-90).

Páginas utilizadas en un resumen

Ejemplo 2

Las nuevas corrientes del pensamiento criminológico contemporáneo han encontrado en las instituciones y en las prácticas primitivas un terreno difícil para el análisis de las políticas de control social (Azaloa y Yacamán 80-90).

Cuatro o más autores

Si la fuente consta de cuatro o más autores, sólo se debe mencionar el apellido del primero seguido por "et al." ("y otros" del latín, sin subrayar y sin punto después de et) en la frase de indicación o en la referencia entre paréntesis.

Ejemplo 1

Existen investigaciones detalladas acerca de las tres brujas como figura femenina sumamente trágica en la historia de la mujer (Seydel et al. 157).

Ejemplo 2

Sheridan et al. en la búsqueda de mujeres independientes que no ven su única felicidad en la relación de pareja dentro de los patrones establecidos (190).

Autores empresariales

Se puede nombrar al autor empresarial en la frase de indicación o incluirse una versión corta entre paréntesis.

De acuerdo con la información del "Censo Económico de 1988", se encontraban operando a esa fecha mil novecientos noventa y seis unidades (43).

Autor desconocido

Si no se conoce el nombre del autor se puede utilizar el título completo en la frase de indicación, o en una versión corta entre paréntesis. Si la cita ha sido traducida por el propio investigador se debe escribir: La traducción es mía, antes del título.

> La NASA informa que la tripulación de una aerolínea japonesa sigue siendo un misterio. Las cintas del radar no confirmaron la presencia de otra anomalía (la traducción es mía, "Strange Encounter," 26).

Autores con el mismo apellido

Si la lista de obras citadas incluye trabajos de dos o más autores con el mismo apellido, se debe incluir el nombre del que se cita en la frase de indicación o en la referencia entre paréntesis.

> Ejemplo 1
>
> Dolores Bravo comenta que las loas dedicadas a los virreyes nos confirman que la poetisa hace de su celda y de su vida conventual la prolongación de una añorada vida cortesana y universitaria (105).
>
> Ejemplo 2
>
> Las loas dedicadas a los virreyes nos confirman que la poetisa hace de su celda y de su vida conventual la prolongación de una añorada vida cortesana y universitaria (Dolores Bravo 105).

Obra de varios volúmenes

Si la investigación cita más de un ejemplar de una obra de varios volúmenes, se debe indicar en los paréntesis el tomo al cual se está refiriendo, seguido por dos puntos y la página.

> Disueltas las sospechas de que Juana de Asbaje (o Juana Ramírez) hubiera abandonado la vida del laicismo para ingresar a la conventual debido a un terrible desengaño amoroso. ¡Cómo conciliar todas estas declaraciones, con todo esto quiero decir, que Sor Juana pudo estar enamorada al escribir su poesía, pero pudo no estarlo, baste recordar cuánta literatura de la propia monja fue escrita por encargo (2: 249).

Volumen *Página*

Si el documento cita solamente un volumen, es necesario consignar el número del mismo en la lista de obras mencionadas al final del trabajo y no será necesario incluirlo entre paréntesis.

Novela, obra teatral o poema

Cuando se citan fuentes literarias, se debe incluir información que permita al lector encontrar el episodio en varias ediciones de la obra. Cuando es una novela, primero se debe indicar el número de página y después, si es posible, la parte o el capítulo en el cual el episodio se encuentra.

Título de la novela

Al filo del Agua narra el insomnio de cuatro personajes, cuyo único imán es la atmósfera del pueblo, halló coherencia al entrelazar, lazos de afinidad entre la dama y el sensible compañero "la obsesión de dormir ahuyentaba las esperanzas del sueño." (22. Cap. 1).

Página del libro

En el caso de una obra teatral se debe mencionar el acto, la escena y los números de las líneas, separados por puntos. Es necesario utilizar números arábigos, a menos que se prefiera números romanos.

En la escena de la obra teatral El borracho mexicano (1999) se presenta un desarrollo rápido del conflicto mediante un apretado uso de recursos verbales.

Tortugo: ¡Ándale, aquí te quero ver!
Panadero: Pos a la hora que queras.
Tortugo: Si más gorditos me los he cumido, ¡cuánto más costillarsitos! [. . .]
Panadero: Ya bastara de hablar ¡Aviéntale!
Tortugo: ¡Pos aviéntale tú!
Borracho: Cuatro riales a "cueros duros".
Panadero: ¡Pos arrímate!
(1. 3. 10-17). o (I. III. 10-17)

Acto *Escena* *Líneas*

Cuando se trata de un poema, se cita la parte (si existe un número de partes) y los números de las líneas, separados por puntos.

Ejemplo 1

Cuando Odisea de la mujer de nadie, ella encuentra un significado: "tuvo mágicas alas que por el breve tiempo de suspiro" (1-2).

Ejemplo 2

Poema original

Mi táctica es
mirarte
aprender como sos
quererte como sos

mi táctica es
hablarte } *Línea 5-7*
y escucharte
construir con palabras
un puente indestructible

mi táctica es
quedarme en tu recuerdo ← *Línea 11*
no sé cómo ni sé
con qué pretexto
pero quedarme en vos

(Mario Benedetti "Táctica y Estrategia" líneas 1-14).

Cuando la cita del poema omite algunas líneas se incluye así: Mario Benedetti en su poema "Táctica y Estrategia" es rico en detalles evocadores:

Mi táctica es
Hablarte
y escucharte. . .
[. . . . .]
quedarme en tu recuerdo (5-7, 11)

Obra de una antología

En este caso se debe colocar el nombre del autor de la obra (no del editor de la antología) en la frase de indicación o en los paréntesis.

> Para Álvaro Matute la prensa nacional en el año de 1911 vive un cambio importante. "Con la llegada de Madero a la presidencia. . . el periodismo de oposición alcanza niveles de libertad impensables [. . .]" (65).

Fuente citada en otra fuente

Cuando un autor cita párrafos de otro escritor se inicia la referencia con la abreviación "cit en."

El otro autor

> "No quiso nunca" dice el biógrafo de Sor Juana "cosas de seda; su manto y sotana, siempre fueron de bayeta pues tenía horror aversión grande por las cosas del mundo, que oliesen a fausto y ostentación" (cit. en Ruibal 63).

Obra completa

Para citar una obra completa se utiliza el nombre del autor en una frase de indicación o en la referencia entre paréntesis.

> Edmond Cros afirma que la práctica discursiva implica siempre una socialidad del acto del habla y una relación profunda con la historia. (80).

Dos o más obras

Para citar más de una fuente con el objetivo de documentar un punto en particular, se deben separar las citas con un punto y coma.

> La ideología aparece así como una cierta representación del mundo, que liga a los hombres con sus condiciones de existencia y a los hombres entre sí en la división de sus tareas y a la igualdad o desigualdad de su suerte (Gramsci 30; Althusser 48).

La referencia de dos autores de diferente libro se separa por (;)

Las citas múltiples pueden distraer, por lo que esta técnica no debe sobreutilizarse. Si se quiere acercar al lector a fuentes múltiples para discutir un tema en particular, se puede utilizar una nota de información.

Obras sin número de páginas (Internet)

Se puede omitir el número de páginas de una obra si el documento no tiene numeración o si ésta está organizada alfabéticamente (como en el caso de las enciclopedias). Algunas fuentes electrónicas utilizan el número de los párrafos en lugar del de páginas. Cuando se recurre a tales fuentes se debe utilizar la abreviación "párr." o "párrs." entre paréntesis: (López, párr. 4).

> Ejemplo 1
>
> **En Bogotá, las marionetas italianas "Dell Acgua presentaron su espectáculo y se les encontraron algunos detalles inconvenientes durante la escenificación." (Lamus, "Teatro finisecular," párr. 3-4).**

Partes específicas de un trabajo

Para citar una imagen visual, fotografía, dibujo, ilustración, pintura, gráfica, mapa, etcétera, se debe abreviar la palabra figura (fig.), asignarle un número e insertar la referencia completa.

Fig. 1 Picasso "Dora durmiendo," dibujo realizado en 1935. Medidas y paradero desconocido. "Picasso en Persona." Saber ver, México: Fundación Cultural Televisa. p. 60.

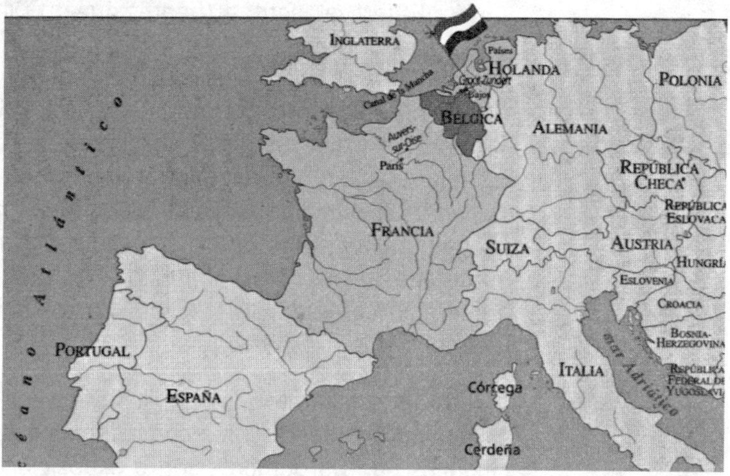

Fig. 2 Mapa que incluye parte de Europa. Vicent Van Gogh, nació en 1853 en un pequeño pueblo de Holanda. Atlas Nutesa.

Cuando la gráfica, mapa o imagen haya sido realizada por el mismo investigador, se escribe:

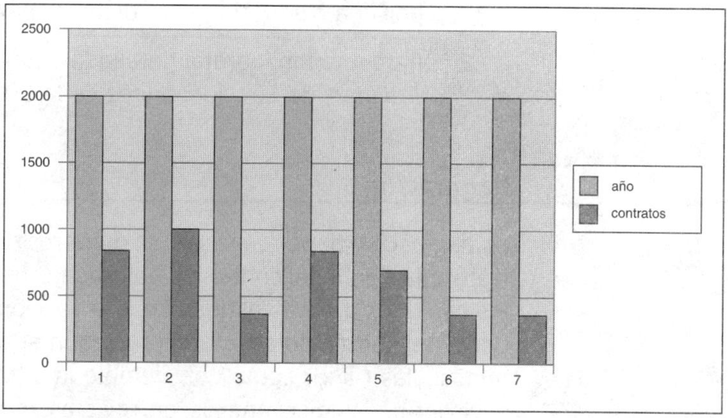

Fuente: elaboración propia.

Notas de información

Los investigadores que utilizan el sistema MLA de documentación entre paréntesis también pueden emplear notas de información con dos propósitos:

1. Proporcionar material adicional que pueda completar la fluidez del ensayo.

2. Referir al lector a fuentes que no fueron expuestas en el trabajo.

Las notas de información pueden ser notas al pie o notas al final. Las primeras deben insertarse al terminar la página; las segundas, en una página por separado al final del trabajo, con un título que diga NOTAS justo antes de la lista de las obras citadas (bibliografía). En los dos estilos, las notas deben estar numeradas consecutivamente. El texto del trabajo debe tener numeración arábiga, la cual debe corresponder al número de la nota.

Las notas aclaratorias o explicativas se utilizan para no interrumpir el hilo del discurso con disgresiones o con datos prescindibles en la argumentación o exposición general pero que amplían o ilustran lo dicho en el cuerpo del texto.

Nota

1. El presente pasaje en el original está constituido por una traducción libre de las líneas 30-40.
2. Para una bibliografía detallada véase *Humanismo y Religión*, de Sor Juana Inés de la Cruz.

Paginación

La paginación debe realizarse en números arábigos, cuando se trate solamente del contenido del trabajo, es decir, cada uno de los capítulos de la investigación. Las secciones que no forman parte del contenido se enumeran según el sistema romano en minúsculas (ii-x) como por ejemplo la introducción, prólogo, abreviaturas, índice, anexos, entrevistas, mapas, etcétera.

Lista de obras citadas

La lista de obras citadas que aparece al final del trabajo proporciona información editorial de cada una de las fuentes citadas en el mismo. Esta sección, que empieza en una nueva página, lleva el título de *bibliografía* u *obras citadas*. Después, se presentan en orden alfabético todas las fuentes que fueron mencionadas en su trabajo. A menos de que el académico lo pida, no es necesario incluir fuentes que no fueron citadas en el trabajo, aunque se las conozca.

La lista bibliográfica se presenta en orden alfabético con los apellidos de los autores (o editores); si una obra carece de autor o editor, se la incluye en la relación por medio de la primera palabra del título de la obra que no sea Un, Una, La y El.

No se pone sangría a la primera línea de cada obra citada, pero a las líneas adicionales se les coloca una de cinco espacios ($^1/_2$ pulgada). Esta técnica destaca los nombres con base en los cuales se ordena la lista.

Los siguientes modelos ilustran la forma en que la MLA recomienda organizar la bibliografía. En algunas ocasiones, en español se incluyen los apellidos paterno y materno, y se usa la preposición *de* antes del apellido paterno. En este caso, la lista de nombres se ordena de la siguiente manera:

Las Casas, Bartolomé de
La Cruz, Sor Juana Inés de
Madariaga, Salvador de
Rueda, Lope de
Timoneda, Juan de
Valle-Arizpe, Artemio de

La preposición *del* debe ser usada con el apellido:

Del Río, Ángel
Del Valle Inclán, Ramón

Algunos apellidos incluyen preposiciones y conjunciones (y, de, del) después del apellido paterno.

Díaz del Castillo, Bernal
Larra y Sánchez de Castro, Mario José
López de Ayala, Pedro
Ortega y Gasset, José
Zayas y Sotomayor, María de

Sobre los títulos subrayados

En general, se deben subrayar los títulos de trabajos publicados independientes. Los que deben subrayarse son los siguientes: nombre de libros, de juegos, un largo poema publicado como libro, folletos, periódicos, revistas, películas, programas de radio y televisión, C.D., grabaciones de álbum, ballet, ópera, trabajos de escultura, pinturas, composición musical (excepto cuando se identifique por forma, número y clave).

Nota: se pueden usar letras itálicas en lugar del subrayado.

La casa de los espíritus	(Libro)
Viridiana	(Película)
Escaleras y Serpientes	(Juego)
Odisea de la mujer de nadie	(Largo poema)
Títeres mexicanos	(Folleto)
Excélsior	(Periódico)
Proceso	(Revista)
Siempre en Domingo	(Programa de Televisión)
Submarino amarillo	(Disco, audiocasete)
El Lago de los cisnes	(Ballet)
Rigoleto	(Ópera)
Moisés	(Escultura)
Titanic	(Buque)
Concord	(Avión)

Títulos con comillas

"Chiapas: política y moral"	(Artículo de un periódico)
"Sor Juana y el que no se atreve a decir su nombre"	(Artículo de una revista)
"La estructura del papel institucional"	(Enciclopedia)
"La recepción de la obra dramática" de Bertolt Brecht en el Brasil"	(Ensayo de libro)
"La muerte tiene permiso"	(Cuento)
"Romances de amor fugaz"	(Poema)
"Los establecimientos penitenciarios del D. F."	(Capítulo de un libro)
"Paloma negra"	(Canción)
"Los personajes infantiles en Balún Canán"	(Un artículo sobre una novela)
"Un poema, 'El oráculo' de Homero"	(Un artículo sobre un poema)

Cuando el título de un artículo va entrecomillado y hace falta abrir otro debe emplear comilla sencilla: (') 'El oráculo'

Elaboración de una lista bibliográfica

Formato básico de un libro

En la mayoría de los libros es necesario colocar la información en tres unidades, cada una seguida por un punto y un espacio [al menos de que el profesor(a) prefiera dos espacios]:

1. Nombre del autor, apellido primero;
2. Título y subtítulo, subrayados, y
3. Lugar de publicación, editorial y la fecha.

Moreno Rivas, Yolanda. Historia de la música popular mexicana. México: Alianza, 1989.

La información se toma de la portada interior y del reverso de ésta (la página de derechos de propiedad intelectual), no de la cubierta. No es imprescindible incluir el nombre completo de la editorial. Se puede utilizar una versión corta o lo suficientemente larga como para que se identifique fácilmente. Se deben omitir términos como S. A. de C. V., Press, Inc. y Co., excepto cuando se nombren editoriales universitarias (por ejemplo, Harvard UP). La fecha que se utiliza en la bibliografía debe ser la más reciente.

Dos o tres autores

Se nombra a los autores en el orden en que son presentados en la página del título. Se inserta el apellido del primer autor y después su nombre, mientras que para el segundo autor se inicia con el nombre y luego se pone el apellido:

Azaola, Elena, y Cristina José Yacamán. Las mujeres olvidadas. México: El Colegio de México, 1996.

Los nombres de tres autores se separan por comas:

Kagan, Donald, Steven Ozment and Frank M. Turner. The Western Heritage since 1300. New York: Macmillan, 1987.

Cuatro o más autores

Se cita solamente al primer autor, con el apellido primero, seguido por "et al." (del latín "y otros").

Medhurst, Martin J., et al. Cold War Retoric: Strategy, Metaphor, and Ideology. New York: Greenwood, 1990.

Editores

La bibliografía de un editor es similar a la de un autor con la excepción de que se pone una coma después del nombre y la abreviación "ed." de editor. Si existe más de uno, se utiliza la abreviación "eds." de editores.

Anaya, Rodolfo, y Francisco Lomedi, eds. Aztlan: Essays on the Chicano Homeland. Albuquerque: Academia-El norte, 1989.

Autor con editor o compilador

En este caso se empieza con el autor y a continuación se menciona el nombre del editor. La abreviación "ed." significa "Editado por"; "Eds.", por editores múltiples.

Maltese, Corrado. et al. Las técnicas artísticas. Trad. José Luis Morán y María de los Santos García. Ed. Antonio Banet Correa. Madrid: 1997.

Traducción

Se presenta la bibliografía con el nombre del autor, no del traductor. Después del título se escribe "Trad." (de "Traducido por") y el nombre del traductor.

Ingarden, Roman. La obra de arte literaria. Trad. Gerald Nyenhuis H. México: Taurus, 1998.

Garder, Jostein, El mundo de Sofía 4a. ed. Trads. Kirsti Baggethun y Asunción Lorenzo. México: Patria, 1995.

Autor empresarial

Se anota la bibliografía con el nombre del autor empresarial, aunque sea el mismo que el de la editorial.

> Fidelity Investments. Fidelity Brokerage Services-Handbook. Boston: Fidelity Investmens, 1993.

Autor desconocido

Se debe comenzar con el título y ordenar la bibliografía con base en la primera palabra del título que no sea *Un, Una, La* y *El.*

> The Times Atlas of the World. 9a. ed. New York: New York Times, 1992.

Dos o más obras del mismo autor

Si la lista de obras citadas incluye dos o más trabajos del mismo autor, se debe utilizar el nombre del mismo sólo en la primera bibliografía. En las posteriores se emplean tres guiones y después un punto (.) o asterisco (*). Los tres guiones indican el del mismo autor de la bibliografía precedente. Los títulos se deben presentar en orden alfabético.

> Agustín, José. De Perfil. México: Joaquín Mortiz, 1985.
> - - - *Furor Matutino.* México: Diana, 1985.

Edición que no es la primera

Si se cita una edición que no sea la primera, se incluye el número de la misma después del título.

> Alatorre, Antonio. Los 1001 años de la lengua española. 2da. ed. México: Tezontle, Fondo de Cultura Económica, 1989.

Obra de varios volúmenes

En este caso se debe incluir el número de volúmenes antes de la ciudad y la editorial, utilizando la abreviación "Vol."

> Reyes de la Maza, Luis. El teatro en México. *Porfirismo*. 2 vols. México: Instituto de Investigaciones estéticas, UNAM, 1995.

Si el trabajo cita sólo uno de los volúmenes, es necesario escribir el número de éste antes de la ciudad y la editorial y el número total de volúmenes de la obra después de la fecha.

> Delgado, Jaime. "El arte de los pueblos americanos." Historia general del arte. Vol. 1. Barcelona: Montaner y Simón, 1958. 2 vols.

Enciclopedia o diccionario

Para citar un artículo de una enciclopedia o diccionario conocido, sólo se debe nombrar al autor del artículo (si lo hay), el título de éste, el del trabajo de referencia y el número y la fecha de edición.

El punto antes de cerrar comillas

> "La estructura del papel institucional." Enciclopedia del educador. Vol 1, 1987. 6 vols.

No es necesario mencionar el número de volumen y de página si las entradas del trabajo están en forma alfabética, porque son fáciles de localizar. Si una obra de referencia no es bien conocida, se deben proporcionar todos los datos de la publicación.

Obra de una antología

La información se debe presentar en el siguiente orden, con un punto después de cada artículo: autor de la selección; título; título de la antología; editor, precedido por "Ed."; ciudad, editorial y fecha; número de las páginas en las cuales aparece la selección.

Jauss, Hans Robert. "Cambio de paradigma en la ciencia literaria." En busca del texto. Comp. Dietrich Rall. México: UNAM, 1993. 59-71.

Si la antología proporciona referencias de una publicación original de una selección, se debe citar aquélla en primer lugar. Después se escribe "Reimp. en" (de "Reimpreso"), título, editor e información de la publicación necesaria para la antología, y los números de las páginas en la cual aparece.

María y Campos, Antonio de. El Teatro de género chico en la Revolución Mexicana. Reimp. México: CONACULTA, 1996.

Rodríguez, Ricardo. "Late Victorians." Harper's Oct. 1990. 57-66. Reimp. en *The Best American Essays 1991*. Ed. Joyce Carol Oates. New York: Ticknor, 1991. 119-34.

Dos o más obras de la misma antología

Si se desea, se pueden utilizar dos o más obras de una misma antología. Se proporciona la bibliografía, separada para la antología, con todos los datos de la publicación.

Pavis, Patrice y Guy Rosa. Tendencias interculturales y práctica escénica. Trad. Pilar Ortiz Lovillo. México: Gaceta, 1994.

Después, se debe ordenar la bibliografía de cada selección de la antología por autor y título con una referencia e incluir el apellido del autor y los números de página del libro en la cual aparece.

Helbo, André. "La 'en otra parte' imaginaria de Maurice Béjart." Pavis. 125-31.

Nichet, Jaquet. "Sobre la hibridación cultural." Pavis. 209-17.

Prólogo, introducción, prefacio o epílogo

Si el trabajo hace referencia a alguno de estos elementos, se debe comenzar con el nombre del escritor. Después que se haya identificado el elemento citado no lo subraye ni ponga entre comillas) es necesario consignar el título de todo el libro, los nombres del autor y del editor, si lo hay. Después de la información de la publicación se debe proporcionar el número de las páginas en las cuales aparece el prólogo, introducción, prefacio o epílogo.

> Tavira, Luis de. Prólogo. El teatro de género chico en la Revolución Mexicana por Antonio de María y Campos. México: CONACULTA, 1996. ix-xxvi.

Páginas del prólogo

Libro con título en el título

Si el libro contiene un título interno no se pone entre comillas, sino que sólo se lo subraya:

Título del libro

> Zamudio Rodríguez, Luz Elena. Los personajes infantiles en Balún Canán. México: Colegio de México, 1996.

Si en el título del libro hay otro, y éste se encuentra entre comillas, el mismo se conserva y se subraya todo.

Título de un artículo

> Faulker, Dewey R. Twentieth Century Interpretations of "The Pardoner's Tale." Englewood Cliffs: Spectrum-Prentice, 1973.

Libro de una serie

En este caso se cita el nombre de la serie tal como aparece en la página de título, seguido por el número de la serie antes de los datos sobre la publicación.

Laughlin, Robert M. Of Cabbages and Kings: Tales from Zinacatan. Smithsonian Contributions to Anthropology 23. Washington: Smithsonian, 1977.

Libro publicado otra vez

Después del título del libro, se debe citar la fecha original de publicación seguida por la fecha de publicación actual. Si el libro contiene material nuevo, como una introducción o un epílogo, esta información se debe incluir después de la fecha original.

María y Campos, Antonio de. El teatro de género chico en la Revolución Mexicana. 1956. Prólogo Luis de Tavira. México: Cien México, 1996.

Impresión de editorial

Si el libro fue publicado en una imprenta de una compañía editorial (es decir, intervinieron dos editoriales), deben separarse por un guión.

Oates, Joyce Carol. (Woman) Writer: Occasions and Opportunities. New York: Abrahams-Dutton, 1988.

Artículos de periódico

Artículo de una revista mensual

Además del autor, título del artículo y título de la revista, es necesario consignar el mes, el año y el número de páginas en las cuales el artículo aparece. Se abrevia el nombre del mes si éste es demasiado largo.

Rubio, Miguel Ángel. "La vida ceremonial de los chontales." México Desconocido Nov. 1997: 42-49.

Si el artículo aparece en páginas no consecutivas, por ejemplo, páginas 39-41 y 91-96, se escribe "39+" (no "39-96").

Artículo de una revista semanal

Estos artículos se citan como los que aparecen en las revistas mensuales, pero se debe proporcionar la fecha exacta de edición de la revista.

> Semo, Enrique "Diálogos mexicanos." Proceso 26 de abril 1998: 38.

Artículo de un periódico compaginado como volumen

Muchos diarios formales continúan el número de páginas durante el año en lugar de empezar cada edición en la página 1. Luego, al final del año, todas las ediciones son recolectadas en un volumen. Los lectores interesados sólo necesitan buscar el número del volumen, el año y el número de la página para encontrar el artículo.

Número de compaginación

> Segal, Gabriel. "Seeing What Is Not There." Philosophical Review 98 (1989): 189-214.

Páginas

Año de publicación

Artículo de un periódico compaginado por edición

Si cada edición del diario comienza en la página 1, se necesita indicar el número de la edición. Se coloca un punto después del número del volumen seguido del número de la edición.

> Johnson, G. J. "A Distinctive Model of Serial Learning." Psychological Review 98.2 (1991): 204-17.

Artículo de un diario

Se debe comenzar por el autor, si lo hay, y después colocar el título del artículo. Se prosigue con el nombre del periódico, la fecha y el número de página (se incluye la letra de sección).

Aguilar Camín, Héctor "Archivos de Bucareli." La Jornada 1 de junio 1998: 12.

Si la sección está marcada con un número en lugar de una letra, se debe proceder de esta forma:

Greenhouse, Linda. "Justice Plan to Delve Anew into Race and Voting Rights." New York Times 11 July 1993, sec. 1: 1+.

Si la edición de un periódico se encuentra especificada en el encabezado, se debe nombrar la edición después de la fecha y antes de la página de referencia: ed. de la tarde, ed. matutina, y así sucesivamente.

Artículo sin firma

Éste es un caso similar al de un artículo de un periódico o de una revista mensual o semanal, es decir, se comienza con el título del artículo.

"Intervención administrativa al Renave." El Universal. Sep. 2000:14.

Editorial en un periódico

Se cita un editorial como se hace con un artículo sin firma, añadiendo la palabra "Editorial" después del título.

"Las reformas ¿generan crecimiento?" Editorial. El Financiero 14 Sep 2000:15.

Carta al editor

Se cita el nombre de quien escribió la carta, seguido por la palabra "Carta" y los datos de publicación del periódico o revista en la cual aparece.

Scherer García, Julio. Carta La Jornada 20 junio 1998; 1.

Crítica de un libro o revista

En este caso se cita primero el nombre de quien escribió la crítica y el título de la misma, si existe; después se agrega las palabras "Crít. de" y el título y autor o director del trabajo criticado. Se añaden los datos de publicación en la cual aparece la crítica.

Ruibal García, Antonio. "Las Monjas se inconforman. Los bienes de Sor Juana en espolio del arzobispo Franciscano Aguilar y Seijas." *Rev. Temas de literatura* 7 México: UAM-Azcapotzalco. 1996: 61.

CD-ROM e información en la red

En esta sección nos referimos al material de investigación que está disponible de manera electrónica en CD-ROM como el de SilverPlatter y UMI-Proquest y de la Internet por medio de servicios computacionales u organizaciones como Dialog, Nexis, y otros. En las citas de fuentes electrónicas se proporcionan los mismos datos de publicación que en el caso de las otras fuentes, además de la información pertinente sobre la fuente electrónica. Es necesario destacar que algunos datos sobre la fuente electrónica, como el nombre del vendedor, no están disponibles. Si éste es el caso, se puede omitir la información.

CD-ROM emitido periódicamente

La información basada en CD-ROM que es de manera periódica (mensual o quincenalmente, por ejemplo) puede contener material publicado con anterioridad, como artículos de diarios o periódicos, o inédito, como reportes. En ambos casos se debe citar el material como se hace con algo impreso, y después se prosigue con el título de la información (subrayado), ("CD-ROM"), el nombre de la compañía que lo produjo y la fecha de su publicación electrónica.

Sawyer, Kathy. "Oceanography: Rising Tide Lifts Warming Case." *Washington Post* 12 Dec. 1994: A2. InfoTrac: National Newspaper Index. CD-ROM. Information Access. Jan. 1995.

Gauch, Patricia Lee. "A Quest for the Heart of Fantasy." New Advocate 7.3 (1994): 159-67. *ERIC*. CD-ROM. SilverPlatter. Dec. 1994.

CD-ROM emitido en una sola edición

Algunas obras en CD-ROM, como los diccionarios y las enciclopedias, son publicadas en ediciones singulares que no son actualizadas periódicamente. Esta fuente se debe tratar como un libro, pero es necesario insertar ("CD-ROM") antes de dar los datos de publicación.

> *The Oxford English Dictionary*. CD-ROM. Oxford: Oxford UP, 1987.
>
> "O'Keeffe, Georgia." The 1995 Grolier Multimedia Encyclopedia. CD-ROM. Danbury: Grolier, 1995.

Material de la Internet

Servicios computacionales como Dialog, Compuserve, America Online y Nexis (entre otros) proporcionan una variedad de información que puede ser revisada continua y periódicamente. En este caso es necesario citar los datos de publicación proporcionados en la fuente, como: el título de la información (subrayado), el servicio ("En línea") y el nombre del servicio computacional. Además, si es posible determinar cuándo entró el material al servicio, se debe colocar la fecha en la cual se consiguió.

> Bass, Alison. "Women Just as Spacial as Men." Boston Globe. 22 Feb. 1993, 3rd ed.: 25. *Boston Globe File 631*. En línea Dialog. 6 Feb. 1995.
>
> Mann, Charles C., and Mark L. Plummer. "Empowering Species." Atlantic America Online. 16 Feb. 1995.

Material de una organización computacional

Una organización computacional, como la Internet, proporciona acceso a artículos de periódicos, cartas informativas e, inclusive, libros completos. Cuando se trabaja con este tipo de material, se debe citar cualquier tipo de información que aparezca en la fuente electrónica, utilizando el mismo formato empleado para mencionar un artículo o un libro. Es necesario colocar los números de páginas o párrafos seguidos por "p." (o pp.) o "párr." (o "párrs."); si ninguno especifica el número, se debe emplear "n. pág." de "no paginación". Además, se debe nombrar el servicio computacional y la fecha en la cual se consiguió el material. El investigador debe escribir la dirección electrónica de la fuente, después de la palabra "Disponible", al final de su cita.

Page, Barbara. "Women Writers and the Restive Text: Feminism, Experimental Writing, and Hypertext." Postmodern Culture 6.2 (1996): n. pag. En línea. Internet. 3 Abril 1996. Disponible:
Gopher://jefferson.villagevirginia.edu:70/00/pubs/pmc/issue.196.page

Wells, H. G. *The War of the Worlds*. 1898. En línea. Biblioteca, Universidad de Minnesota Internet. 5 Feb. 1995. Disponible: gopher.micro.umn.edu.

Otras fuentes

Publicaciones gubernamentales

Si se utilizan publicaciones de un departamento o secretaría gubernamental, es necesario mencionar el nombre del gobierno seguido por el de la dependencia.

México, Secretaría de la Presidencia y Secretaría de Industria y Comercio. Inventario de Estadísticas Nacionales, 2 vol, México, 1976.

Folleto

La cita de un folleto se realiza igual que la de un libro.

México, Secretaría de Relaciones Exteriores. Convenio entre los Estados Unidos Mexicanos y los Estados Unidos de América para la solución de los problemas del Chamisal. México: Dirección General de Prensa y Publicidad de la Secretaría de Relaciones Exteriores, 1965.

Tesis publicada

Igual que en el caso anterior, la cita es similar a la de un libro. Se debe subrayar el título y añadir el lugar donde fue publicada, la editorial y el año en el que se publicó. Después del título se inserta la palabra "Tes.", el nombre de la institución y el año en el que se escribió.

Cuenya Mateos, Miguel Ángel. Puebla de los Ángeles en tiempos de una peste colonial Tes., Colegio de Michoacán, 1994. Puebla: Colegio de Michoacán y Benemérita Universidad Autónoma de México, 1999.

Tesis no publicada

En este caso se debe comenzar con el nombre del autor y después colocar el título entre comillas, la palabra "Tes.", el nombre de la institución y el año en el que se escribió.

Jurado Rojas, Yolanda. "El teatro de títeres durante el porfiriato." Tes. Universidad de las Américas-Puebla. 1999.

Resumen de una tesis

El procedimiento es el mismo que se utiliza para citar una tesina no publicada. Se deben incluir las abreviaciones RES. y RES. I (de Resumen de tesis o Resumen de tesis internacional) después de la fecha, seguida por el número de volumen, fecha de publicación y número de página.

Berkman, Anne Elizabeth. "The Quest for Authenticity: The Novels of Toni Morrison." Tesis. Universidad de Columbia, 1987. *DAI* 48 (1988): 2059A.

Conferencia publicada

La referencia exige los mismos requisitos que la de un libro, añadiendo la información sobre la conferencia después del título.

Lombardo, Irma. La empresa liberal y el periodismo político y polémico. Conf. Hemeroteca Nacional. México, 1993. Universidad Nacional Autónoma de México, 1995.

Obra de arte

Se debe citar el nombre del artista, el de la obra de arte, por lo regular subrayada, la institución y la ciudad donde se encuentra.

Acosta, Olga. Vendedora de frutas. Museo de Monterrey, México.
Rivera, Diego. Paisaje Zapatista. Museo Nacional de Arte, México.

Composición musical

Se debe citar el nombre del compositor y después el título de la composición. El título de una ópera, de un ballet o de una composición identificada por su nombre debe ser subrayado, no así en el caso de una composición identificada por número o forma, a la cual tampoco se debe entrecomillar.

Shostakovich, Dmitri. Cuarteto No. 1 en C, op. 49.
Manzanero, Armando. El último verano.
Jiménez, José Alfredo. El Rey.

Carta personal o correo electrónico

Para hacer referencia a una carta recibida, se inserta el nombre de quien la escribió y se agrega la frase "Carta para el autor," seguida por la fecha. Si se la recibió vía electrónica se debe emplear "Correo electrónico".

Viveros, Germán. Correo electrónico para el autor 4 de Oct. 1998.

Anuncio de Internet para un grupo

En este caso se debe incluir el nombre del autor y el título del anuncio, la fecha y "Anuncio de Internet." Se concluye con el nombre del grupo, la organización y la fecha de acceso.

Ventresca, Lucy. "Winemaking." 20 Jan. 1996. En línea posting. Newsgroup soc. culture.italian.Usenet. 1 Feb. 1996.

Conferencia

En este caso se debe citar al orador, el título de la conferencia (si existe) entre comillas, la organización que la patrocina, el lugar y la fecha.

Carabarín, Alberto. "Los estudios sobre la biografía." Conf. Universidad Autónoma de Puebla. 21 de Junio de 20001.

Entrevista personal

Para hacer referencia a una entrevista, se debe comenzar con el nombre de la persona entrevistada. Después se escribe "Entrevista Personal" y la fecha en que se llevó a cabo.

Perea, Héctor. Entrevista personal. 20 Mayo 1996.

Entrevista publicada

Se nombra a la persona entrevistada, después se coloca la palabra "Entrevista," y el medio en donde se publicó. Si conoce el título se escribe entre comillas después del nombre del entrevistado y no será necesario utilizar la palabra "Entrevista."

Liz Arzubide, Germán. Entrevista. Síntesis Mayo 1995. 1-4.

Entrevista en radio o tv

En este caso se nombra a la persona entrevistada y después la palabra "Entrevista." Se debe incluir el título del programa, subrayado e información para identificar el programa.

Pelé. Entrevista. Entrevista de Lechuga. Radio XEAI, México, 30 de julio 1992.

Subcomandante Marcos. Entrevista. Marcos en entrevista con Julio Scherer. Televisa, México, 10 de Marzo 2001.

Película o video

En primer lugar, se debe incluir el título. Si es una película, es necesario mencionar al director ("Dir.") y a los actores principales o al narrador ("Act." o "Narr."), después al distribuidor y, finalmente, el año. Para un video, añadir la palabra "Videocasete" antes del nombre del distribuidor.

> Como agua para chocolate. Dir. Alfonso Arau Act. Lumi Cavazos, Marco Leonardi, Regina Torné, Mario Ivan Martínez, Ada Carrasco, Claudette Maille y Yareli Arismendi. 1991.

Programa de radio o tv

La información sobre un programa se debe presentar en el siguiente orden: título, subrayado; escritor ("Por"), director ("Dir."), narrador ("Narr."), productor ("Prod."), y/o actores principales ("Act."). Si este progarma contiene número de series, se escribe la organización; la estación local donde lo transmitieron y la ciudad; fecha en la cual se emitió. Si algún episodio tiene título, se pone entre comillas, antes del título del programa.

> *Coraçao Brasileiro.* WMBR, Boston. 1 Agos. 1993.
>
> El mundo de la mujer. Narr. Janet Arceo. XEW, México 14 May. 1992.
>
> *Doña Bárbara.* Por Rómulo Gallegos. Radionovela. Act. María Félix. XEL, México 9 Mayo 1992.

Obra de teatro en vivo

Se debe comenzar con el título de la obra, autor ("Por"). Es necesario incluir información específica sobre la actuación: director ("Dir."); los actores principales ("Act."); la compañía teatral, teatro y su localización y fecha en la cual se presentó.

> Tres farsas y una duda. Por Moliére. Dir. José Caballero. Act. Alonso Echánove. Lorenzo Maza, Alberto Lomnitz, Víctor H. Martín, Ana Celia Urquidi y Diego Jáuregui. Claustro del Teatro Helénico, México. 14 May. 1992.

La noche de Hernán Cortés. Por Vicente Leñero. Dir. Luis de Tavira. Act. Fernando Balzaretti, Guillermo Gil, Alfredo Sevilla, Martha Aura, Arcelia Ramírez, Damián Alcázar, Mario García González y Fernando Rubio. Compañía Nacional de Teatro del INBA. México 30 May. 1994.

Grabación de sonido

En este caso se comienza con el nombre del compositor (o autor, si la composición es hablada), y luego se incluye el título de la pieza. Luego se presentan los artistas (como actores, lectores, músicos), la orquesta, los conductores con el nombre del escenógrafo y la fecha. Si la grabación no es un CD, es necesario indicar qué es (como "audiocasete").

Verdi, Giuseppe. Faistaff. Act. Tito Gobbi, Elizabeth Schwarzkopf, Narrador Merriman, y Fedora Barbieri. Orquesta Filarmónica. y Coros. Cond. Herbert von Karajan. EMI, 7 49668 2, 1988.

Caricatura

En primer lugar se debe mencionar el nombre del caricaturista, el título de la caricatura (si lo tiene) entre comillas, la palabra "Caricatura" y la información de la publicación en la cual apareció.

Quino. "Caricatura" Proceso 10 mayo 1998: 82.

Mapa o gráfica

Se debe citar como lo haría con un libro de autor desconocido. Subrayar el título del mapa o gráfica y añadir la palabra "Mapa" o "Gráfica" después del mismo.

España/Portugal. Map. París: Michelin, 1992.

A continuación se presenta un ejemplo de una investigación que utilizó el modelo de la Asociación de Lenguas Modernas (MLA)

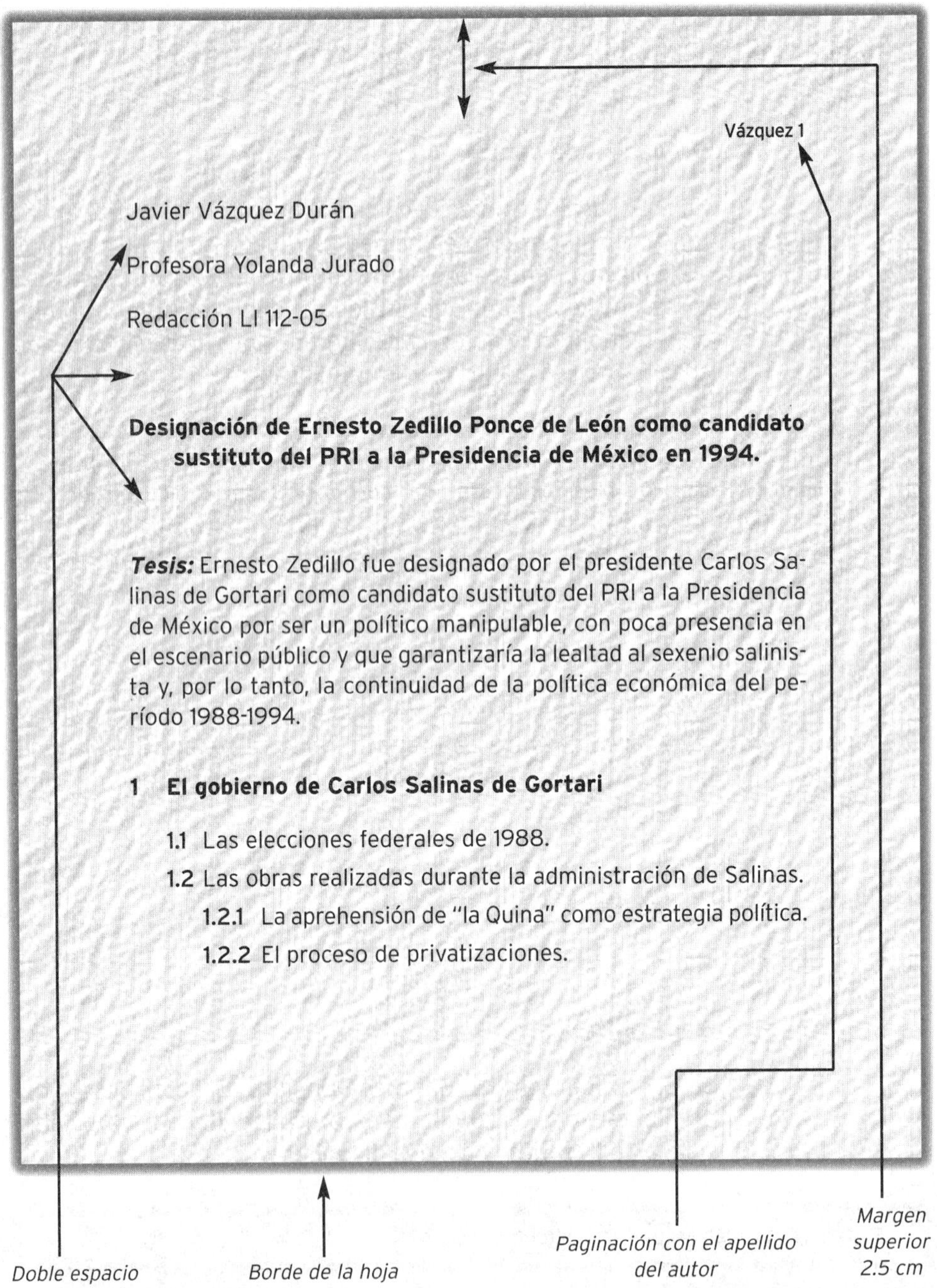

Vázquez 2

1.2.3 El programa "Solidaridad".
1.2.4 El Tratado de Libre Comercio de América del Norte.
1.3 Importancia de 1994 como año de elecciones federales.
1.4 El movimiento armado en Chiapas.

2 El candidato del PRI: Luis Donaldo Colosio

2.1 La designación de Luis Donaldo Colosio.
2.1.1 La propuesta política de Luis Donaldo Colosio.
2.2 La campaña presidencial del PRI a principios de 1994.
2.3 El cambio de rumbo en el desarrollo de la campaña.
2.4 El asesinato de Luis Donaldo Colosio.

3 El candidato sustituto del PRI: Ernesto Zedillo

3.1 Las exigencias del partido.
3.2 Las especulaciones sobre los posibles candidatos.
3.3 Análisis del contexto político que influyó en la designación de Zedillo.
3.2 La designación de Ernesto Zedillo.

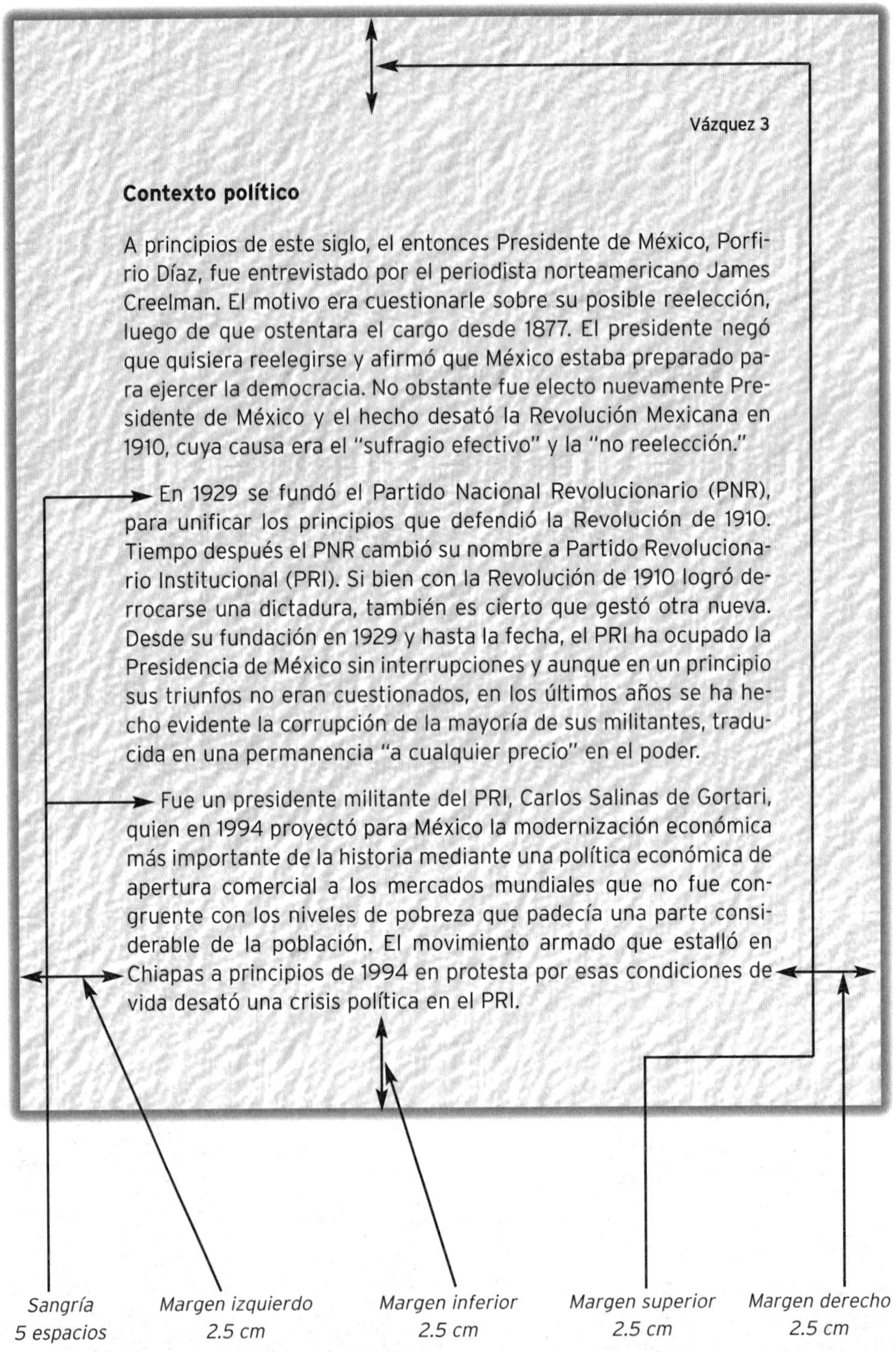

Vázquez 3

Contexto político

A principios de este siglo, el entonces Presidente de México, Porfirio Díaz, fue entrevistado por el periodista norteamericano James Creelman. El motivo era cuestionarle sobre su posible reelección, luego de que ostentara el cargo desde 1877. El presidente negó que quisiera reelegirse y afirmó que México estaba preparado para ejercer la democracia. No obstante fue electo nuevamente Presidente de México y el hecho desató la Revolución Mexicana en 1910, cuya causa era el "sufragio efectivo" y la "no reelección."

En 1929 se fundó el Partido Nacional Revolucionario (PNR), para unificar los principios que defendió la Revolución de 1910. Tiempo después el PNR cambió su nombre a Partido Revolucionario Institucional (PRI). Si bien con la Revolución de 1910 logró derrocarse una dictadura, también es cierto que gestó otra nueva. Desde su fundación en 1929 y hasta la fecha, el PRI ha ocupado la Presidencia de México sin interrupciones y aunque en un principio sus triunfos no eran cuestionados, en los últimos años se ha hecho evidente la corrupción de la mayoría de sus militantes, traducida en una permanencia "a cualquier precio" en el poder.

Fue un presidente militante del PRI, Carlos Salinas de Gortari, quien en 1994 proyectó para México la modernización económica más importante de la historia mediante una política económica de apertura comercial a los mercados mundiales que no fue congruente con los niveles de pobreza que padecía una parte considerable de la población. El movimiento armado que estalló en Chiapas a principios de 1994 en protesta por esas condiciones de vida desató una crisis política en el PRI.

Vázquez 4

En medio de este panorama fue electo el Doctor Ernesto Zedillo Ponce de León como candidato sustituto del PRI a la Presidencia de la República. Los resultados le favorecerían y se convertiría en el último presidente del milenio. El contexto político que rodea a su designación, hace pensar que después de 80 años de que se inició una Revolución social en defensa de la democracia, México no está preparado para ejercerla.

Este trabajo es un análisis sobre dicho contexto político. Para llegar a él se parte del sexenio de Carlos Salinas de Gortari, a fin de conocer el proyecto económico que desarrolló el mandatario y comprender por qué la insurrección en Chiapas fue un golpe a ese proyecto y el inicio de una crisis política. Luego se limita el periodo de tiempo a la campaña presidencial de Luis Donaldo Colosio, sobre la base de la transición que representa entre el gobierno de Salinas y el de Zedillo y, en particular, porque el asesinato de Colosio es el antecedente inmediato y la causa primera de la designación de Ernesto Zedillo. Por último, el texto se enfoca en los seis días que pasaron entre la muerte de Luis Donaldo Colosio y la designación de Ernesto Zedillo y se dan a conocer las exigencias de los militantes del PRI en la elección del candidato sustituto, las especulaciones que se realizaron y un análisis particular de las causas políticas –incluso jurídicas– que influyeron en la decisión del Presidente Salinas para elegir a Ernesto Zedillo, sosteniendo que fue aquél y no el partido quien designó a éste.

Vázquez 5

El gobierno de Carlos Salinas de Gortari

Los primeros cinco años de gobierno de Carlos Salinas de Gortari representaron un cambio en la situación económica del país. Después de dieciocho años de crisis, la nueva administración prometió llevar a México al Primer Mundo. Sin embargo, tuvo un fuerte golpe: el movimiento armado en Chiapas, que reveló una realidad opuesta a la que se creyó. A partir de su estallido inició una fuerte crisis política en el interior del país y del propio Partido Revolucionario Institucional. El siguiente capítulo es una descripción de los primeros años del gobierno de Salinas.

El 6 de julio de 1998 se realizaron en México elecciones federales para elegir, entre otros cargos, al Presidente de la República para el periodo 1988-1994. Aunque en un principio opacado por la dudosa legalidad de su triunfo, el nuevo gobierno -y en particular, el nuevo Presidente- proyectó para todo el país una nueva etapa de desarrollo, luego de dieciocho años de crisis e inestabilidad económica iniciados con la administración de Luis Echeverría Álvarez.

Para los comicios de 1988, los candidatos más fuertes eran: Cuauhtémoc Cárdenas, quien encabezaba a un nuevo grupo político de izquierda que al año siguiente constituiría el Partido de la Revolución Democrática (PRD); Manuel Clouthier, por el Partido Acción Nacional (PAN); y Carlos Salinas de Gortari, por el Partido Revolucionario Institucional (PRI), mismo que desde su fundación en 1929 había ocupado la Presidencia de México.

Dos espacios

Vázquez 6

En aquel tiempo el gobierno era el encargado de organizar y controlar el proceso electoral; las crónicas señalan que los primeros resultados llegaron a la Secretaría de Gobernación. El historiador Enrique Krauze, en su obra La Presidencia Imperial, afirma que las cifras mostraban como triunfador a Cuauhtémoc Cárdenas y que por esta razón el titular de la Secretaría, Manuel Barttlet Díaz, anunció un desperfecto técnico "para ganar tiempo, manipular la elección electrónicamente y dar el triunfo a Salinas" (415). Las cifras oficiales anunciaron la victoria del PRI con el cincuenta por ciento del total de los votos (Oppenheimer, México en la frontera del caos 38). Sin embargo, ese resultado no fue aceptado por muchas personas y durante las últimas semanas de diciembre, varias protestas callejeras por el supuesto fraude electoral amenazaban con mermar la credibilidad en el nuevo gobierno, que comenzó el 1º de diciembre de 1988.

La integración del gabinete presidencial fue la primera señal de quiénes eran los colaboradores más cercanos de Salinas y por lo tanto, quienes tendrían grandes posibilidades para sucederlo en el puesto. Así fueron colocados: Fernando Gutiérrez Barrios, en la Secretaría de Gobernación; Pedro Aspe Armella, en la Secretaría de Hacienda y Crédito Público; Ernesto Zedillo Ponce de León, en la Secretaría de Programación y Presupuesto; Jaime José Serra Puche en la Secretaría de Comercio y Fomento Industrial y Manuel Camacho Solís en la Jefatura del Departamento del Distrito Federal. Aunque no hay ninguna relación (constitucional) con el gobierno, la dirección nacional del PRI fue encomendada a Luis Donaldo Colosio Murrieta (Krauze 419).

Al final de la cita se incluye el autor, libro subrayado y página entre ( )

Autor y página entre ( )

Cuando se cita el mismo libro, sólo se añade número de página entre ( )

Título del libro subrayado

Vázquez 7

La energía propia de un hombre joven sumada a su experiencia e inteligencia fueron determinantes en la imagen que proyectó el nuevo titular del Poder Ejecutivo. Carlos Salinas de Gortari era el tercer presidente más joven en la historia del país: tenía 40 años (420). La Enciclopedia Hispánica lo califica como el mandatario con la mejor preparación académica (13:69): cursó licenciatura en economía en la Universidad Nacional Autónoma de México; maestría en administración pública y maestría y doctorado en gobierno y política ecónomica en la Universidad de Harvard, en Estados Unidos. Tenía además una gran habilidad oratoria y una sonrisa de hombre amigable y astuto a la vez. La labor del nuevo gobierno fue intensa y bien planeada, al grado en que en poco tiempo gran parte de los mexicanos pasaron de la desconfianza a la admiración por Salinas, de ahí que Krauze titule el capítulo dedicado a este personaje así: "Carlos Salinas de Gortari: el hombre que sería rey".

El mismo libro, pero diferente página

Referencia de enciclopedia

Vázquez 8

Carlos Salinas vislumbraba la modernización de México mediante el seguimiento de una política económica de apertura comercial al exterior. El primer paso fue realizar una reforma económica dentro del país, a la par que se desarrollaba un ambicioso programa de política social para ganar con ambos la confianza y apoyo de la mayoría de la población e incluso del extranjero y culminar con la firma de un tratado comercial con Estados Unidos y Canadá para integrar un poderoso bloque económico. Sin embargo, la demanda de una buena parte de la sociedad era una reforma de tipo político, luego de la experiencia de 60 años de gobiernos federales encabezados por el PRI:

> Los objetivos eran unos cuantos, pero fundamentales: concertar el divorcio del inadmisible matrimonio entre el PRI y el gobierno; prohibir las mil y una formas de transferencia económica del gobierno al PRI; prohibir el uso de los colores nacionales por parte del PRI; otorgar plena independencia del gobierno al Instituto Federal Electoral; fortalecer en la práctica y la ley a los poderes legislativo y judicial, duplicar al menos los ingresos de los estados, triplicar los de los municipios [...] (Krauze 430-431).

El movimiento armado en Chiapas

Los hermanos Raúl y Carlos Salinas de Gortari fueron partidarios de la ideología zapatista. Raúl lo confesaba abiertamente, Carlos bautizó Emiliano a su primer hijo. Pero, según el testimonio de

Cita larga de más de cuatro líneas, sin comillas indentadas 5 espacios

Cuando omitas líneas de un texto usa corchetes

Vázquez 9

Carlos Monsiváis: "[. . .] el tiempo los transformó. Raúl se hizo multimillonario y Carlos dijo fuera a Emiliano Zapata cuando pidió el ingreso de México al Primer Mundo. Se olvidó de los indígenas, de los muertos, del hambre" (Cit. en Scherer, Salinas y su Imperio 23).

En la madrugada del 1º de enero de 1994 el presidente Salinas recibió la noticia de que en el estado de Chiapas "más de dos mil indígenas mayas habían tomado la ciudad de San Cristóbal de las Casas y las poblaciones de Ocosingo, Altamirano y Las Margaritas" (Oppenheimer 28). El grupo se hacía llamar Ejército Zapatista de Liberación Nacional (EZLN) y amenazaba con marchar a la ciudad de México y derrocar al gobierno.

Con el tiempo se supo que esos indígenas eran parte de un grueso de hombres, en su mayoría "de tez blanca", que formaban un grupo guerrillero marxista cuyo líder residía en la ciudad de México y ostentaba el título de comandante en jefe "Germán". Por conflictos internos el control del movimiento armado pasó a manos del líder en la zona indígena de Chiapas, conocido como el subcomandante "Marcos". La Procuraduría General de la República identificó a Fernando Yáñez y a Sebastián Guillén como el comandante "Germán" y el subcomandante "Marcos" respectivamente.

Un espacio después de cada punto

Obra citada en otro libro

Vázquez 10

En el movimiento intervenía también el obispo Samuel Ruiz, quien ejercía gran influencia sobre los indígenas (Krauze 436). Desde entonces el EZLN se convirtió en un grupo reaccionario, denunciante de las malas acciones del gobierno federal y, por ende, del PRI.

Casi todos los autores coinciden en señalar que el gobierno tuvo información previa sobre la gestación de grupos guerrilleros en Chiapas y que por temor a la cancelación de la firma del TLC no se atendió el problema con anterioridad. El 30 de noviembre de 1990 el Centro de Investigación y Seguridad Nacional (CISEN) informó al gobierno sobre la presencia de grupos armados en Chiapas y proporcionó nombres, afiliaciones políticas y lugares de entrenamiento de los rebeldes (Oppenheimer 47). En agosto de 1993, Luis Donaldo Colosio visitó Chiapas en calidad de Secretario de Desarrollo Social y guiado por el comandante de la zona militar, general Miguel Ángel Godínez, observó en la selva "bodegones con armas, municiones, pasamontañas –rasgo característico de los miembros del EZLN–, espantapájaros con uniformes militares tasajeados sus vientres (y) un arsenal decomisado a grupos rebeldes" e informó al presidente, quien postergó la atención al caso por la cercanía de la firma del TLC (Scherer 73). La solución improvisada fue canalizar más recursos a Chiapas a través de "Solidaridad", pero no hubo resultados.

Si la cita no corresponde al autor anterior, escribe el apellido y la página entre ( )

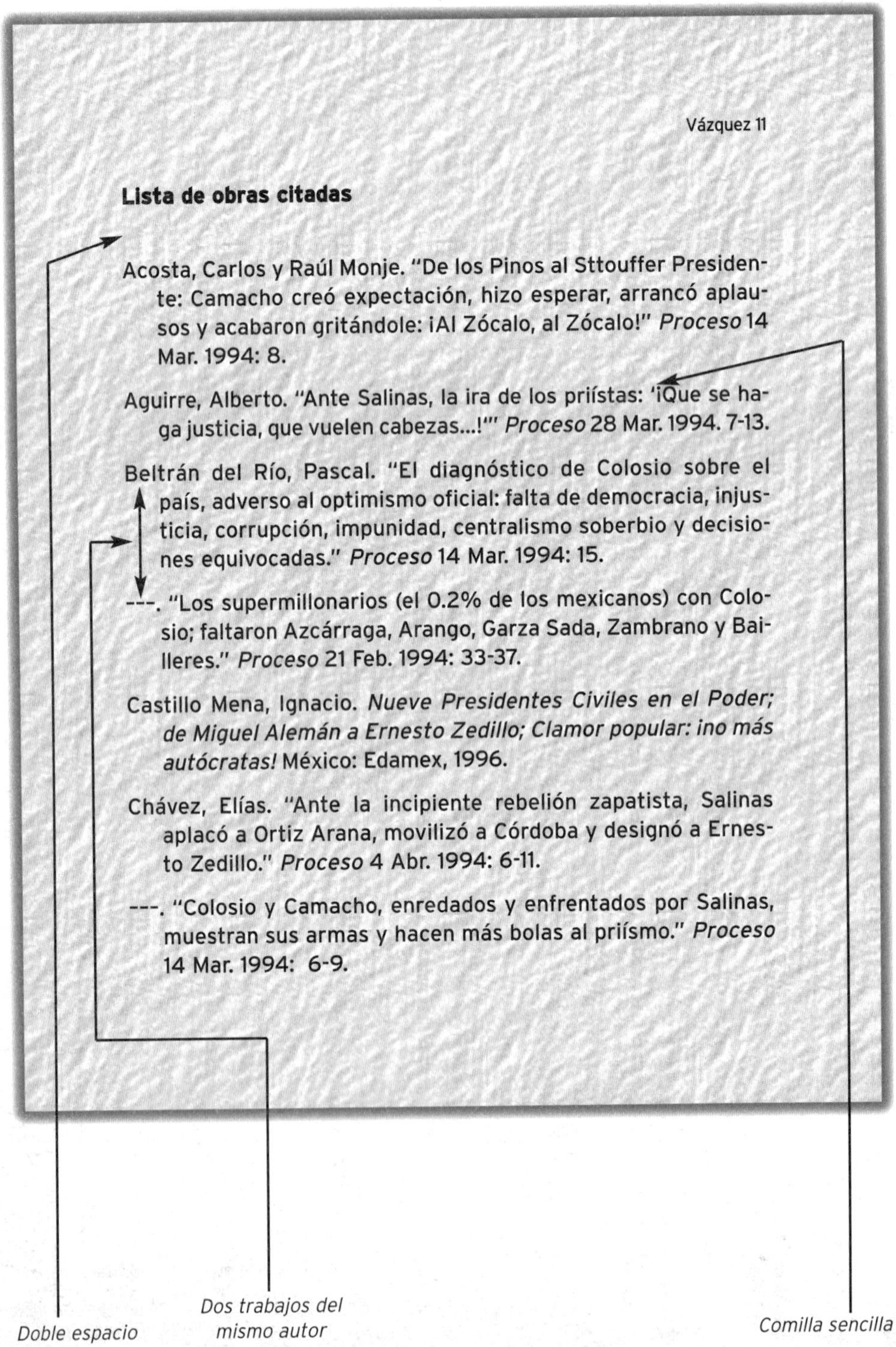

Vázquez 11

Lista de obras citadas

Acosta, Carlos y Raúl Monje. "De los Pinos al Sttouffer Presidente: Camacho creó expectación, hizo esperar, arrancó aplausos y acabaron gritándole: ¡Al Zócalo, al Zócalo!" *Proceso* 14 Mar. 1994: 8.

Aguirre, Alberto. "Ante Salinas, la ira de los priístas: '¡Que se haga justicia, que vuelen cabezas...!'" *Proceso* 28 Mar. 1994. 7-13.

Beltrán del Río, Pascal. "El diagnóstico de Colosio sobre el país, adverso al optimismo oficial: falta de democracia, injusticia, corrupción, impunidad, centralismo soberbio y decisiones equivocadas." *Proceso* 14 Mar. 1994: 15.

---. "Los supermillonarios (el 0.2% de los mexicanos) con Colosio; faltaron Azcárraga, Arango, Garza Sada, Zambrano y Bailleres." *Proceso* 21 Feb. 1994: 33-37.

Castillo Mena, Ignacio. *Nueve Presidentes Civiles en el Poder; de Miguel Alemán a Ernesto Zedillo; Clamor popular: ¡no más autócratas!* México: Edamex, 1996.

Chávez, Elías. "Ante la incipiente rebelión zapatista, Salinas aplacó a Ortiz Arana, movilizó a Córdoba y designó a Ernesto Zedillo." *Proceso* 4 Abr. 1994: 6-11.

---. "Colosio y Camacho, enredados y enfrentados por Salinas, muestran sus armas y hacen más bolas al priísmo." *Proceso* 14 Mar. 1994: 6-9.

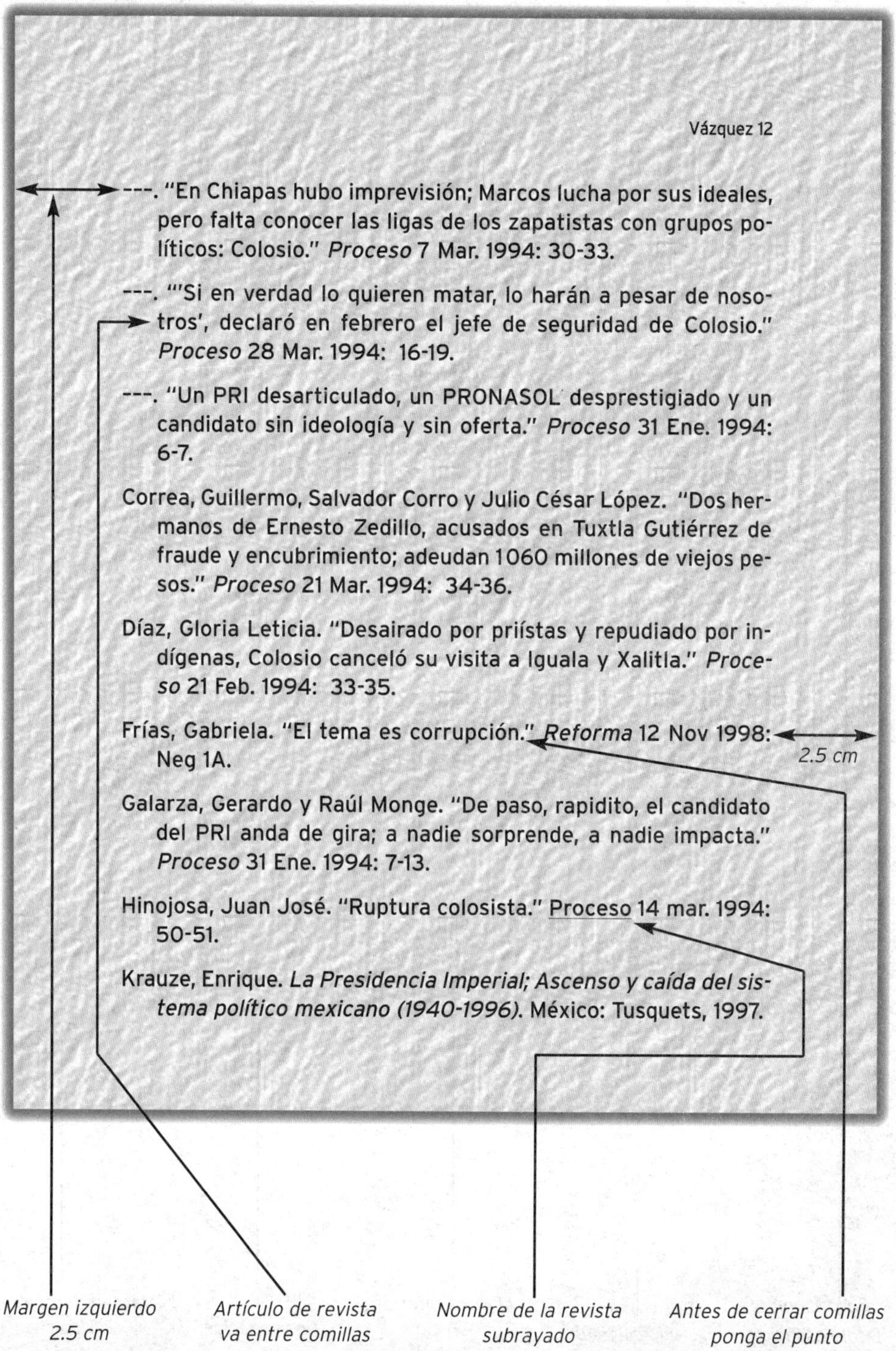

Vázquez 12

---. "En Chiapas hubo imprevisión; Marcos lucha por sus ideales, pero falta conocer las ligas de los zapatistas con grupos políticos: Colosio." *Proceso* 7 Mar. 1994: 30-33.

---. "'Si en verdad lo quieren matar, lo harán a pesar de nosotros', declaró en febrero el jefe de seguridad de Colosio." *Proceso* 28 Mar. 1994: 16-19.

---. "Un PRI desarticulado, un PRONASOL desprestigiado y un candidato sin ideología y sin oferta." *Proceso* 31 Ene. 1994: 6-7.

Correa, Guillermo, Salvador Corro y Julio César López. "Dos hermanos de Ernesto Zedillo, acusados en Tuxtla Gutiérrez de fraude y encubrimiento; adeudan 1060 millones de viejos pesos." *Proceso* 21 Mar. 1994: 34-36.

Díaz, Gloria Leticia. "Desairado por priístas y repudiado por indígenas, Colosio canceló su visita a Iguala y Xalitla." *Proceso* 21 Feb. 1994: 33-35.

Frías, Gabriela. "El tema es corrupción." *Reforma* 12 Nov 1998: Neg 1A.

Galarza, Gerardo y Raúl Monge. "De paso, rapidito, el candidato del PRI anda de gira; a nadie sorprende, a nadie impacta." *Proceso* 31 Ene. 1994: 7-13.

Hinojosa, Juan José. "Ruptura colosista." Proceso 14 mar. 1994: 50-51.

Krauze, Enrique. *La Presidencia Imperial; Ascenso y caída del sistema político mexicano (1940-1996).* México: Tusquets, 1997.

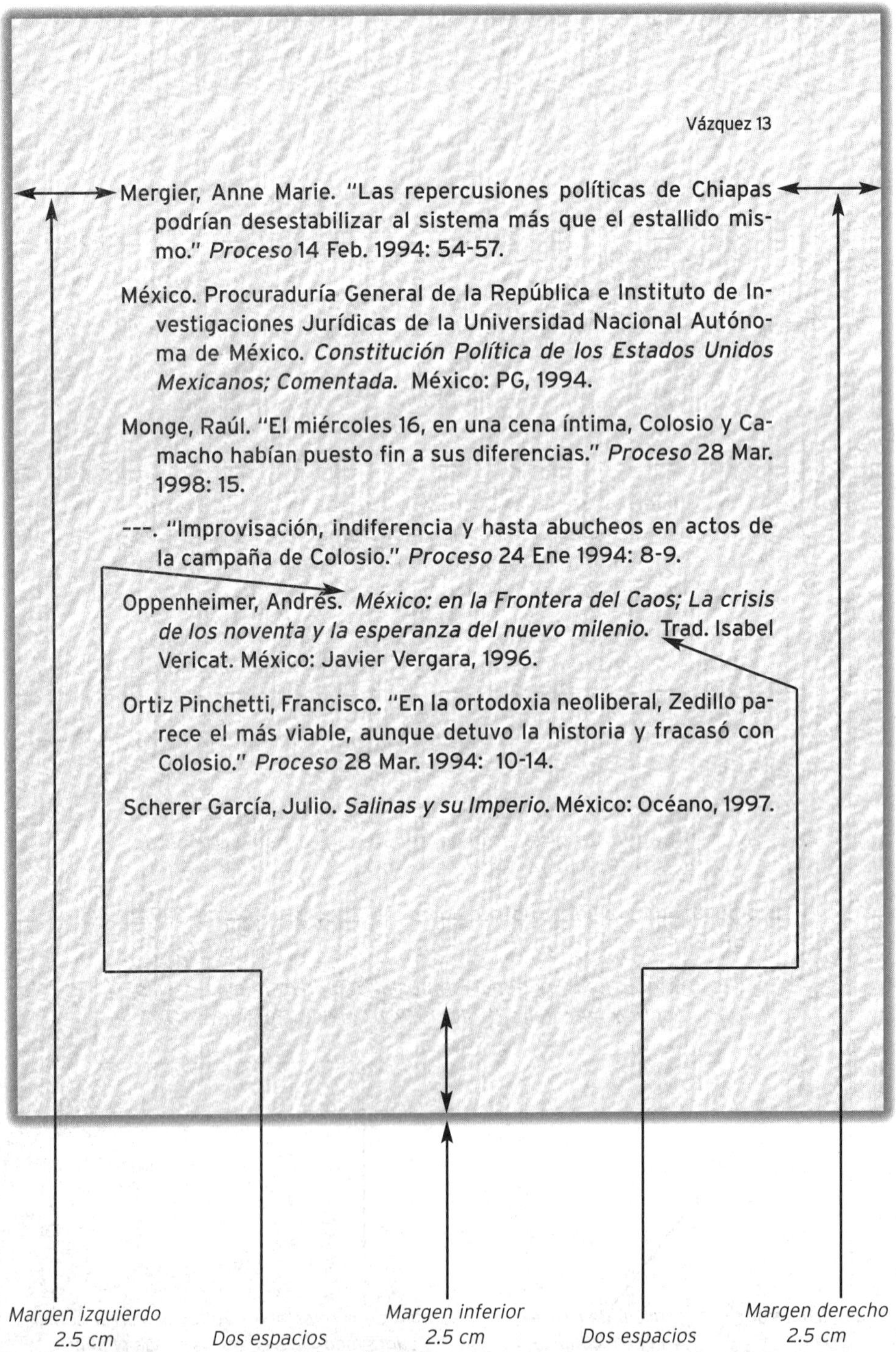

Vázquez 13

Mergier, Anne Marie. "Las repercusiones políticas de Chiapas podrían desestabilizar al sistema más que el estallido mismo." *Proceso* 14 Feb. 1994: 54-57.

México. Procuraduría General de la República e Instituto de Investigaciones Jurídicas de la Universidad Nacional Autónoma de México. *Constitución Política de los Estados Unidos Mexicanos; Comentada.* México: PG, 1994.

Monge, Raúl. "El miércoles 16, en una cena íntima, Colosio y Camacho habían puesto fin a sus diferencias." *Proceso* 28 Mar. 1998: 15.

---. "Improvisación, indiferencia y hasta abucheos en actos de la campaña de Colosio." *Proceso* 24 Ene 1994: 8-9.

Oppenheimer, Andrés. *México: en la Frontera del Caos; La crisis de los noventa y la esperanza del nuevo milenio.* Trad. Isabel Vericat. México: Javier Vergara, 1996.

Ortiz Pinchetti, Francisco. "En la ortodoxia neoliberal, Zedillo parece el más viable, aunque detuvo la historia y fracasó con Colosio." *Proceso* 28 Mar. 1994: 10-14.

Scherer García, Julio. *Salinas y su Imperio.* México: Océano, 1997.

Capítulo 8

Modelo editorial latino

Objetivo
Que el estudiante conozca y aplique el modelo editorial latino a trabajos académicos.

Modelo de citación latino

Las notas a pie de página en el cuerpo del trabajo[1]

El investigador de disciplina histórica y de algunas otras prefiere usar notas a pie o al final de página. Las citas de fuentes que se utilizaron en el trabajo se enumeran con arábigos, sin paréntesis y "volado", es decir en un tipo más pequeño y elevado medio espacio del renglón, lo cual indica que una cita textual, un parafraseo o un resumen han sido empleado en el cuerpo del trabajo. El lector encontrará en la nota a pie o al final de la página la información sobre la publicación correspondiente.

Las *notas bibliográficas a pie de página* deben comenzar con una sangría de tres o cinco espacios en la primera línea, numeradas consecutivamente. Cuando se emplean pocas notas se puede realizar una numeración corrida para todos los capítulos. Si el material es extenso y las notas abundan, es preferible reiniciar la numeración a partir de 1 en cada capítulo. Las llamadas se registran sin alfabetizar en el mismo orden en que se van citando las obras, al contrario de lo que sucede con la bibliografía.

Si se colocan las notas al final del capítulo, se debe comenzar una página con otro tipo de letra, con el título NOTAS, separada del texto de la investigación, con numeración corrida de principio a fin.

Las *notas aclaratorias o explicativas* tienen como función no interrumpir el discurso del autor con datos o disgresiones argumentales, pero que amplían o ilustran lo dicho en el cuerpo del texto.

Las notas bibliográficas o de referencia, que contienen información sobre el autor y el título del libro, deben registrarse sin alfabetizar en el mismo orden en que se citan las obras, al contrario de lo que ocurre con la bibliografía, que se ordena alfabéticamente de acuerdo con el apellido. Se deben incluir los siguientes elementos:

1. El nombre o iniciales del autor debe consignarse antes de los apellidos. Los nombres de los autores no se invierten en las notas.

[1] Para realizar este apartado se consultó el estilo de citación Chicago-Stile Footnotes or Endnotes, de *The Chicago Manual of Stile* (14 ed. 1993), y se complementó con los datos de Roberto Zavala Ruiz, *El Libro y sus orillas*, México: UNAM, 1998. Carlos Boch García, *La técnica de investigación documental*, 5a. ed. México: UNAM. Irma Munguía Zatarain y José Manuel Salcedo Aquino, *Manual de Investigación Documental*. México: Universidad Pedagógica Nacional, 1988. El tema de este modelo ha sido materia de consulta de varios libros.

2. Ni los nombres ni los apellidos se insertan con mayúsculas; sólo se utilizan éstas en el caso de que lo indique la regla ortográfica.
3. Los apellidos paternos se deben escribir sin abreviaturas.
4. Cuando se trate de dos o más autores se emplea "y".
5. Las notas incluidas en trabajos de más de cuatro autores deben mencionar el nombre y apellido del primer autor, seguido de la palabra et al. (y otros).
6. El título del libro debe escribirse completo si es corto, o abreviado si es largo y subrayado o en Itálicas.
7. Número de la edición.
8. Es necesario señalar la ciudad en donde se editó el libro, seguido del nombre de la editorial. Ejemplo: México, Thomson.
9. El número de tomo o volumen, siempre abreviado con el punto que indica la abreviatura.
10. Año de publicación de la obra.
11. La palabra "página" en singular o en plural, pero siempre abreviada (p. o pp.).
12. El número de la página a la que se refiere la nota.
13. El punto que cierra la nota.

Cuando se cita por primera vez un documento, se escribe la referencia completa.

Veamos un ejemplo:

Texto:

El personaje de nuestra historia dice que "en una pequeña mesita de palo blanco viendo a la pared..."[1]

Queda entonces la referencia completa:

[1] Guillermo Prieto. Memorias de mis tiempos. México, Porrúa, 1994 p. 78.

Esta nota es correcta, pero también lo es si abreviamos el nombre del autor, pues estó está completo en la bibliografía, localizada al final del libro. Podemos todavía acortarla en la forma siguiente:

[1] G. Prieto. Memorias de mis tiempos. México, Porrúa, 1994 p. 78.

Si todavía la segunda nota tuviera que referirse a la misma obra, se puede sustituir tanto el autor como el título por la palabra *Ibíd.*, abreviatura de *Ibídem*, adverbio latino que significa "lo mismo", "allí mismo", "en el mismo lugar".

[2] Ibíd., p. 96.

Como es obvio, el "Ibíd." sólo debe usarse en una o dos citas de la misma obra, pues si entre la nota 2 y la 3 se interpone otra referencia, el *Ibíd.* sólo se referirá a esta última, y no a la anterior.

Cuando se cita varias veces un libro, pero entre cada una de las mismas se interponen otras obras, se puede escribir la palabra castellana, *ob. cit.*, o si se prefiere las latinas *op. cit.*; cualesquiera que sea la que se decida escoger, debe usarse uniformemente en todo el manuscrito. La nota se leerá:

[3] G. Prieto. *op. cit.*, p. 80.

Cuando en un mismo capítulo se citen dos o más obras de un mismo autor, después de que se haya dado la ficha completa de ellas, se debe continuar citándolas como sigue:

[4] Carlos Fuentes, Aura, p. 47.

[5] Carlos Fuentes, La Muerte de Artemio Cruz, p. 20.

Cuando se cite una referencia de otro libro, se procede así:

[6] G. Prieto, cit. por Manuel Gutiérrez Nájera, 1995, p. 36.

Si una obra se cita con frecuencia, la primera vez se escribe la referencia completa, después se abrevia y se escribe sólo las primeras palabras seguidas de puntos suspensivos.

Primera cita:

[7] I. Azor, Origen y presencia del teatro en nuestra América. La Habana: Letras cubanas, 1988. p. 210.

Segunda cita:

[8] I. Azor, Origen y presencia del teatro... p. 211.

En atención al lector, que muchas veces debe retroceder treinta páginas para saber cuál es la obra citada, es conveniente, en el caso de que haya mucha notas, repetir de vez en cuando el nombre completo del libro citado. Si algunas obras siguen citándose en algunos capítulos, es necesario escribir la ficha completa en cada uno de los capítulos.

Cuando se citen con frecuencia publicaciones periódicas, los títulos se reducen a siglas sin punto: *Revista Mexicana de Literatura* (RML). Cuando son numerosas las publicaciones que se citan, se debe incluir al principio del trabajo una lista de abreviaturas. Si las siglas utilizadas en el trabajo son pocas, primero se escribe el nombre completo de la revista y después las siglas entre paréntesis y en la segunda cita sólo la abreviatura.

Cuando son citas textuales breves, se transcriben las palabras del autor con exactitud, cuidando de que no se altere su pensamiento sacándolas de contexto.

1. Se encierra entre comillas (" ") el texto citado.
2. Cuando por necesidad de redacción o por otra causa, el investigador intercala algunas frases o palabras a la cita textual, las mismas se encierran entre

corchetes [ ] para indicar que no corresponden al original, o que han sido agregadas por el propio investigador.

3. Es necesario indicar con puntos suspensivos y entre paréntesis o corchetes (...) [...] cuando un texto se omite y no aparece de esa forma en el original. Este recurso se puede emplear varias veces en una sola cita.

4. Se incluye, si hay necesidad de otra cita, entre comillas sencillas (') en el texto que se intercale dentro de otra referencia textual.

Cita textual larga,

1. No se integra al texto. Se escribe dos espacios abajo.
2. Se dejan dos o tres espacios separados de los márgenes laterales.
3. No se encierra entre comillas.
4. Al final de la misma se coloca el número arábigo que corresponde a la referencia bibliográfica.
5. Se indica entre paréntesis si alguna parte del texto o todo fue subrayado por el propio investigador. Ejemplo (El subrayado es mío); (*Las cursivas son mías*).

Cuando al transcribir se encuentra un error ortográfico en el texto, o hay términos desusados o insólitos, se coloca entre paréntesis la palabra latina (SIC) que significa que así se encontró en la fuente.

Cuando se realiza un *parafraseo* es necesario dar el crédito al autor de la idea básica. En este caso, la cita se integra así:

1. Se menciona el nombre del autor del que se va a tomar la idea; después de la exposición o resumen se coloca el número correspondiente a la cita y se indica la fuente completa.

Notas bibliográficas a pie de página

Se debe comenzar con el nombre del autor seguido por el título, después el de la ciudad, la editorial y la fecha, e incluir el número de la página citada.

Formato básico para un libro

[1] Yolanda Moreno Rivas. Historia de la música popular mexicana. México, Alianza, 1989, p 8.

Dos o tres autores

Se presenta la lista de autores en el orden en que aparecen sus nombres en la portada.

[2] Elena Cristina Azaola, y José Yacamán. Las mujeres olvidadas. México, El Colegio de México, 1996, p. 88.

Cuatro o más autores

Cuando se trata de libros con cuatro o más autores, se usa la abreviatura latina "*et al.*" ("y otros") después del primer autor.

[3] Mauro Estrada, *et al.* Psicología de la organización. México, Trillas, 1996, p. 89.

Autor desconocido

Si el autor del libro es desconocido, se comienza con el título del mismo.

[4] Filosofía de la imaginación. México, Alianza, 1989, p. 40.

Nombre del autor en el título

Cuando los nombres de los autores aparecen en el título del libro, comience con el título.

[5] El Camino hacia la libertad: autobiografía de Nelson Mandela. Boston, Little Brown, 1995, p. 369.

Editores

Si un trabajo no tiene autor, se debe comenzar con los nombres de los editores, seguidos de la abreviatura "ed." (o "eds." cuando es más de un editor).

[6] Rodolfo Anaya y Francisco Lomedi, eds. Aztlán: Essays on the Chicano Homeland. Albuquerque: Academia-El norte, 1989, p. 78.

Autor con editor o compilador

Si un trabajo editado también tiene un autor, se debe comenzar con los nombres de éste y poner el de los editores después del título.

[7] Maltese, Corrado, *et al.* Las técnicas artísticas. Ed. Antonio Banet Correa. Madrid, Taurus, 1997, p. 98.

Traducción

Se debe iniciar con los nombres de los autores y escribir la abreviatura "Trad." (traducción) después del título.

[8] Roman Ingarden. La obra de arte literaria. Trad. Gerald Nyenhuis H. México: Taurus, 1998.

Edición que no es la primera

Cuando se trata de segundas y subsecuentes ediciones de un trabajo, es necesario especificar el número de edición después del título.

[9] Antonio Alatorre. Los 1001 años de la lengua española. 2da. ed. México: Tezontle, Fondo de Cultura Económica, 1989, 101-110.

Obra de una antología

En este caso se debe incluir el autor y el título específico del artículo que se cita, seguido por el título de la antología y el nombre del editor.

[10] Hans Robert Jauss. "Cambio de paradigma en la ciencia literaria." En busca del texto. Comp. Dietrich Rall. México, Universidad Nacional Autónoma de México, 1993, 59-71.

Carta publicada en una colección

Se debe mencionar el nombre de quien la envía, el de quien la recibe y la fecha de la correspondencia, seguida de los datos editoriales.

[11] Federico Engels a Carlos Marx, 18 de enero de 1845. En Cartas a Carlos Marx. Ed. Oswal Spengler, México, Fondo de Cultura Económica, pp. 118-120.

Obra de varios volúmenes

Es necesario mencionar el nombre de las series después del título.

[12] Luis Reyes de la Maza. El teatro en México. Porfirismo. 2 Vols. México: Instituto de Investigaciones Estéticas, UNAM, 1995.

Enciclopedia o diccionario

Si no es la primera edición, ello se debe consignar, y luego poner el título del artículo en la cita, después de la abreviatura, "s. v." (del latín sub verbo, o "debajo de la palabra").

[13] Enciclopedia Británica. 15a. ed. s.v. " La evolución," 1987, p 34.

Referencia bíblica

Se debe citar el título del libro, capítulo y versículo y el nombre de la versión que se cita (en subsecuentes notas se puede abreviar la palabra revisado, "rev.").

[14] Epístola Universal de Santiago, Cap. 2: 10-13. Versión Casidoro de Reina. Revisado por Cipriano de Varela (1602).

Artículos de periódicos

Artículo de un periódico compaginado por volumen

En este caso es necesario indicar el nombre del autor y el título del artículo en la cita y después el nombre del periódico. También especificar el número del volumen (pero no el número de serie) después de la fecha y la(s) página(s) de la cita.

[15] Arturo Luna "Fox y su mercadotecnia," El Universal D 8 (2000): 189-2

Artículo de periódico compaginado por edición

Cuando el periódico comienza en la página 1 se debe incluir el número de edición.

[16] Alberto Cirigo. "Norberto Rivera Carrera, un Arzobispo con ideas modernas," Contenido 62. No. 388 (1995): 100- 9.

Artículo de un revista

Se incluye el autor, título del artículo y de la publicación, seguido de la fecha. No es necesario especificar el volumen de la edición.

[17] José Miguel Quintana. "Museo Bello de Puebla," Bulevar Mayo, 1995, p. 11.

Artículo de un periódico

En este caso se debe aplicar el formato utilizado para artículos de revistas y anotar el número de páginas, así como de la sección.

[18] Héctor Aguilar Camín. "Archivos de Bucareli." *La Jornada* 1 de junio 1998, Sec. Nacional, p. 12.

Artículo sin autor

Se comienza con el título del artículo, luego se inserta el nombre del medio, la fecha y la página en que apareció.

[19] "Intervención administrativa al Renave." *El Universal*. Sep. 2000, p. 14.

Fuentes electrónicas

Información de una base de datos

Se debe incluir toda la información publicada, ciudad, fecha, además del nombre del servicio y otros detalles como número de documento, que permitan tener acceso al material.

[20] Paul D. Hightower, "Censorship," in Contemporary Education. (Terre Haute: Indiana State University, School of Education, invierno, 1995, 66, Dialog. ERIC, 509251.

Base de datos en línea

En este caso se incluye el nombre de la base de datos y la designación "base de datos en línea" (en corchetes) además la fecha de publicación y el acceso a la base de datos. También la dirección de Internet, que permite a tener acceso a la fuente.

[21] "The Formation of Latin Christendom: The Roman Church," in EuroDocs: Primary Historical Documents from Western Europe [Base de datos en línea] Provo, Utah: Brigham Young University, 1996. Disponible: 10 de abril 1996; http;/www. Fordham. Edu/halsall/sbook.html#romchurch.

Periódico o boletín electrónico

Se debe mencionar la publicación informal (autor, título del artículo y título del diario) e incluirse la designación "periódico electrónico" (entre corchetes). La fecha de la publicación y la fecha del acceso y se concluye con el número de archivo, dirección o alguna otra información que pueda ayudar a otros accesos de la fuente.

> [22] Laura I. Howes. Revista de Women and Literature in Britain, *1150-1500*, ed. Carol M Meale, in Bryn Mawr Medieval Review [periódico electrónico] En línea Cambridge: Cambridge University Press, 1993 Disponible 5 de Marzo de 1996. listserv@cc.brynmawer. edu; Internet.

Programa computacional

Después del nombre del sofware se debe mencionar el número de publicación, edición de la compañía, y ciudad.

> [23] Lotus 1-2-3 Rel. 4, Lotus Development Corporation, Cambridge, Mass.

Otras fuentes

Documento gubernamental

Debe mencionarse el nombre de la institución, seguido por el título del documento, la fecha y las páginas citadas.

> [24] México, Secretaría de la Presidencia y Secretaría de Industria y Comercio. Inventario de Estadísticas Nacionales, 2 Vols., México, 1976, p 8.

Tesis no publicada

Después del nombre del autor y el título, se incluye el de la institución en la que se presentó la tesis, después la fecha y, por último, las páginas citadas.

> [25] Alma López Benítez. "El mercado hispano de Estados Unidos de América," Tes. Universidad Madero. 1998, p. 54-72.

Comunicación personal

Se debe incluir el tipo de comunicación después del nombre de la fuente. Se concluye con la fecha.

[26] Isabel Rodríguez, carta al autor, 13 de agosto de 1999.

[27] Germán Viveros, entrevista telefónica para el autor, 4 de mayo de 2001.

[28] Paulina Barrenechea. Correo electrónico para el autor, 26 de julio de 2001.

Entrevista

Es necesario mencionar el nombre de la persona entrevistada, seguido por el del entrevistador, el de la publicación o el tema del que se habló en la reunión y la fecha de la publicación de la nota.

[29] Ernesto Zedillo. Entrevista por Raúl Sarmiento. *Hechos*. TV Azteca 28 de noviembre de 1999.

Película o video

Se debe nombrar el título, la producción, el director y la duración del filme, seguido por la compañía editora y fecha. Se incluye la asignatura "videocasete" o película, según el caso.

[30] Medicina del cuerpo. Producción y Dirección por National Geography. 1 hora 12 min., 1989. Videocasete.

Grabación de sonido

Se debe incluir el nombre del compositor, el título de la canción y el intérprete, seguido por el de la compañía productora y el número de serie.

[31] Fernando Delgadillo. Vuelos. Fernando Delgadillo, Sony, Serie 10203.

Elaboración de una lista bibliográfica

La bibliografía que aparece al final del trabajo debe estar ordenada alfabéticamente. Los libros que se consultan y que son citados en las *notas explicativas*, se incluyen.

a) Al preparar las referencias bibliográficas se debe escribir la palabra BIBLIOGRAFÍA, centrada con mayúsculas, dejando dos espacios hacia abajo.
b) Cada entrada debe comenzar en el margen izquierdo y en el segundo renglón es necesario dejar cinco espacios (una pulgada).
c) La bibliografía debe ser ordenada alfabéticamente con base en el apellido de los autores o editores; cuando un trabajo no tenga autor o editor, debe organizarse de acuerdo con la primera palabra del título.
d) Si la lista incluye dos o más trabajos de un mismo autor, sólo se debe mencionar la primera vez el apellido y nombre del autor, después se colocan tres guiones y un asterisco, abajo del apellido del autor. Las siguientes entradas deben ordenarse según el título o fecha. El método utilizado en la bibliografía debe ser coherente.
e) Es necesario mencionar el apellido y nombre del autor o editor. Si son dos o más autores se emplea "y "; para realizar trabajos con más de cuatro autores, se escribe el primer autor por su apellido, y de los demás autores se escribe el nombre y apellido.
f) No se enumera la bibliografía.
g) Entre cada bibliografía se debe dejar un espacio.

Formato básico de un libro

Moreno Rivas, Yolanda. <u>Historia de la música popular mexicana</u>. México, Alianza, 1989.

Dos o tres autores

Azaola, Elena y Cristina José, Yacamán. <u>Las mujeres olvidadas</u>. México, El Colegio de México, 1996.

Cuatro o más autores

Estrada, Mauro, *et al.* Psicología de la organización. México, Trillas, 1996, p. 89.

Autor desconocido

Filosofía de la imaginación. México, Fondo de Cultura Económica, 1989.

Nombre del autor en el título

Mandela, Nelson. El Camino hacia la libertad: autobiografía de Nelson Mandela. Boston, Little Brown, 1995.

Editores

Anaya, Rodolfo y Francisco Lomedi, eds. Aztlán: Essays on the Chicano Homeland. Albuquerque: Academia-El norte, 1989.

Autor con editor o compilador

Maltese, Corrado, *et al.* Las técnicas artísticas. Trad. José Luis Morán y María de los Santos García. Ed. Antonio Banet Correa. Madrid, Taurus 1997.

Traducción

Ingarden, Roman. La obra de arte literaria. Trad. Gerald Nyenhuis H. México, Taurus, 1998.

Edición que no es la primera

Alatorre, Antonio. Los 1001 años de la lengua española. 2da. ed. México: Tezontle, Fondo de Cultura Económica, 1989.

Obra de una antología

Jauss, Hans Robert. "Cambio de paradigma en la ciencia literaria." En busca del texto. Comp. Dietrich Rall. México, Universidad Nacional Autónoma de México, 1993.

Carta publicada en una colección

Scherer García, Julio. Carta La Jornada 20 junio 1998; 1.

Obra de varios volúmenes

Reyes de la Maza, Luis. El teatro en México. *Porfirismo.* 2 Vols. México: Instituto de Investigaciones Estéticas, Universidad Nacional Autónoma de México, 1995.

Enciclopedia o diccionario

Las enciclopedias y diccionarios no son incluidos, usualmente, en la bibliografía.

Referencia bíblica

La Biblia no se incluye, usualmente, en las bibliografías.

Artículos de periódicos

Artículo de un periódico compaginado por volumen

Segal, Gabriel. "Seeing What Is Not There." Philosophical Review 98 (1989): 189-214.

Artículo de periódico compaginado por edición

Johnson, G. J. "A Distinctive Model of Serial Learning." Psychological Review 98.2 (1991): 204-17.

Artículo de una revista

Semo, Enrique. "Diálogos mexicanos," Proceso 26 de abril 1998: 38.

Artículo de un periódico

Aguilar Camín, Héctor. "Archivos de Bucareli." La Jornada 1 de junio 1998: 12.

Artículo sin autor

"Intervención administrativa al Renave." El Universal. Sep. 2000, p. 14.

Fuentes electrónicas

Información de una base de datos

Hightower, Paul D. "Censorship," in Contemporary Education (Terre Haute: Indiana State University, School of Education, invierno, 1995, 66, Dialog. ERIC, 509251.

Base de datos en línea

"The Formation of Latin Christendom: The Roma Church," in EuroDocs: Primary Historical Documents from Western Europe [Base de datos en línea]. Provo, Utah: Brigham Young University, 1996. Disponible: 10 de abril 1996; http;/www.fordham.edu/halsall/sbook.html#romchurch.

Periódico o boletín electrónico

Laura I. Howes. Revista de Women and Literature in Britain, *1150-1500*, ed. Carol M Meale, in Bryn Mawr Medieval Review [periódico electrónico]. En línea Cambridge: Cambridge University Press, 1993, Disponible: 5 de marzo de 1996; listserv@cc.brynmawer.edu; internet.

Programa computacional

Después del nombre del sofware se debe mencionar el número de publicación, edición de la compañía y ciudad.

Lotus 1-2-3 Rel. 4, Lotus Development Corporation, Cambridge, Mass.

Otras fuentes

Documento gubernamental

México, Secretaría de la presidencia y Secretaría de Industria y Comercio. *Inventario de estadísticas nacionales*, 2 vol., México, 1976.

Tesis no publicada

López Benítez, Alma. "El mercado hispano de Estados Unidos de América," Tes. Universidad Madero. 1998.

Comunicación personal

Usualmente no se proporciona la referencia.

Entrevista

Zedillo, Ernesto. Entrevista por Raúl Sarmiento. Hechos. TV Azteca 28 de noviembre de 1999.

Película o video

Medicina del cuerpo. Producción y dirección por National Geography. 1 hora 12 min., 1989. Videocasete.

Grabación de sonido

Fernando Delgadillo. Vuelos. Fernando Delgadillo, Sony, Serie 10203.

A continuación se presenta un ejemplo del modelo latino.

Orígenes de la poesía y la prosa castellana

Por Yolanda Jurado

Este trabajo pretende explicar históricamente, cómo surge la poesía y la prosa castellana. Es indudable que la poesía y prosa española gozan, en la actualidad, de un gran prestigio mundial, dentro de la literatura. Es por esto, que es interesante conocer cómo se formaron estos géneros. Para ello es necesario remontarnos al periodo medieval, porque en dicha época encontramos la respuesta a nuestra pregunta.

La historiografía moderna reconoce tres etapas en el periodo medieval: la **Temprana Edad Media** (400-1000), la **Alta Edad Media** (1000-1300) y la **Baja Edad Media** (1300-1400) o 1500 en algunas partes. Con alguna salvedad, España entra en esta última fecha.

En la Temprana Edad Media —cuando España no existía como tal—, tribus germánicas ocuparon todas las provincias occidentales del Imperio Romano; los anglo-sajones invadieron la Gran Bretaña; los Francos, Gaula, la moderna Francia, los visigodos España, los ostrogodos Italia. Mucha de la población abandonó los centros ocupados y halló refugio en torno a los monasterios, los cuales llegaron a ser no sólo el centro espiritual sino que son centro de registro. La parte oriental del Imperio Romano logró sobrevivir en Bizancio (luego Constantinopla, luego Istanbul) con Constantino el Grande y el nombre de Imperio Bizantino. Los árabes, después de la muerte de Mahoma (632 D.C.), se convierten en un imperio con conocimiento sofisticado de muchas de las ciencias y enorme empuje militar. Invaden España a principios del siglo VIII y permanecen hasta fines del siglo XV.

Para el siglo VIII, el noventa por ciento de los habitantes europeos vivían bajo el **feudalismo,** sistema social que se consolida más aun entre los siglos XI y XIII. El feudalismo es un sistema de gobierno descentralizado en que se establecen una serie de obligaciones, derechos y prerrogativas entre el vasallo y el señor feudal, que le ofrece, mediante su pequeño ejército privado "protección" al vasallo, que frecuentemente se veía obligado a formar parte de ese ejército. E1 feudo que el señor cedía a su vasallo era propiedad de éste siempre que se ajustase a los condiciones impuestas por el señor. Los guerreros del señor o **caballeros** –como el Cid– también debían guiarse por ciertas reglas, conocidas en conjunto como **el orden o código de la caballería.** En la península ". . .los reinos cristianos del norte y sobre todo Castilla pervivió el derecho consuetudinario visigótico hasta la baja Edad Media el Fuero Juzgo, esto es el código de Toledo, que estaba fuertemente influido por el derecho romano y cánonico. . . "[1]

En la Alta Edad Media la península ibérica[2] el leonés dejó de ser el dialecto preponderante y su lugar lo ocupó el castellano, desde ese entonces mantenía la hegemonía lingüística. Navarra y sobre todo León, perdían su antigua supremacía; los musulmanes se veían privados ya de la unidad que el califato les había dado y se encontraban ahora desunidos bajo el régimen de varios régulos regionales o reyes de Taifas. Castilla, en cambio, frente a la general decadencia política de los vecinos países, se alzaba para dirigir la gran tarea de reconquista de la España goda; de condado pasaba a ser un reino, cuyo primer monarca, Fernando I (1035-1065), hijo del rey de Navarra y amigo de Santo Domingo de Silos, anexionó León a Castilla. Su hijo Alfonso VI (1072-1109) ensanchó sus territorios por la Rioja y conquistó la gran ciudad musulmana de Toledo (1085). El Cid, héroe de Castilla, penetró hasta Valencia por él conquistada en

En la nota bibliográfica se menciona el, nombre y apellido del autor, título de la obra subrayado o en letra itálica y las páginas

[1] Kurt Baldinger. La formación de los dominios lingüísticos. Madrid, Gredos, 1997, p. 96-97.

[2] Segunda mitad del siglo XI.

1094. Y un nieto del anterior monarca Alfonso VII (1125-1157), en el siglo XII, época del arte románico, fue coronado solemnemente como "Emperador" ante los reinos de los moros y cristianos, que le rendían vasallaje, y llegaban en sus incursiones por el sur de hasta Almería, Cádiz y Jerez. Esta impetuosa energía vital de Castilla en lo político va unida a la expansión, por León, Navarra y la Rioja y por las tierras de los Mozárabes, de su propio dialecto, encerrado hasta entonces, dentro de aquella pequeña Castilla de los Condes[3].

Con la mayor estabilidad ocasionada por la consolidación del feudalismo o las monarquías incipientes y el cese de las invasiones foráneas, ocasiona un auge de la población y el comercio que acarrea cierto grado de prosperidad e intercambio lingüístico que enriquece cada día el lenguaje castellano.

En el comienzo de la Baja Edad Media la población había aumentado considerablemente. Esto llega a ocasionar el debilitamiento de las tierras de cultivo y con ello hambrunas. Guerras intraeuropeas como la **Guerra de los Cien Años (1337-1453)** y plagas como la **Muerte Negra** o fiebre bubónica (que entre 1348-50 aniquila a un tercio de la población de Europa). La institución más sacra, la Iglesia Católica, sufre los embates de su alianza con los poderes seculares y se ocasiona el fenómeno de la **sede papal en Avignon,** Francia (1309-77), en que los papas eran títeres de los reyes franceses, y el **cisma** de 1378-1415 en que había dos papas, uno en Roma y otro en Avignon. Sin embargo, por las reducciones de población, muchos vasallos lograron independizarse para trabajar en los gremios y las grandes ciudades europeas empezaron a establecerse.

Para un parafraseo se escribe una nota bibliográfica

[3] Jaime Oliver Asín. *Iniciación al estudio de la historia de la lengua Española*. 2a. ed. Zaragoza, Heraldo de Aragón, 1938, p. 44.

La España del XIII no poseía un lenguaje escrito práctico, ni eficiente, porque para legislar y educar **no existía unidad de lengua escrita y hablada:** se escribía latín, se hablaba castellano. La evolución del primero había producido esta disociación, efecto, por un lado, del analfabetismo secular (creador a su vez de una lengua nueva), y por otro, de la perseverancia en el estudio o en la tradición latina, por parte de los letrados. Esta tradición resultaba en ese entonces ineficaz y difícil: el aprendizaje del latín sólo era posible en el ámbito monasterios, y la adopción de la jerga latino-romance de las notarías repugnaba a la élite culta. Por lo tanto, el camino que había que seguir era volver a la unidad de lengua escrita y hablada, propia de pueblos, como Grecia, Roma o el Islam. E1 retorno a la unidad lingüística es precisamente el acontecimiento literario del siglo XIII.[4]

Las glosas de San Millán y Silo están escritas en español. El contenido del primer manuscrito contiene las homilías de San Agustín; el del segundo, un penitencial para los distintos pecados o los distintos grados de maldad.[5]

Los caracteres del español se registraron por escrito, en la segunda mitad del siglo XI. Así, el castellano era de las variedades dialectales del romance hispano que se hablaba en el norte cristiano, desde La Coruña hasta Lérida.[6]

La gran empresa de crear una escritura se acometió, pues, mediante la creación de la **prosa romance**, algo insólito para entonces. La creación de esa prosa fue, además, consecuencia de un episodio trascendental en la historia de la península ibérica. Las personas cultas se percataban, a medida que iban reconquistando las ciudades de focos de la civilización musulmana, que ". . .el Islam

Referencia bibliografica de la segunda cita del mismo trabajo

[4] Ibídem. p. 43.

[5] Antonio Alatorre, Los 1001 de la lengua española, México, Tezontle, Fondo de Culturta Económica, 1998, p. 104.

[6] Ibídem. p.108.

Significa "el mismo lugar"; se emplea cuando se cita otra página de la misma fuente inmediata anterior

era el depositario de la cultura griega; y celosos, los cristianos, de aquella supremacía científica, experimentaron nobles anhelos de emulación."[7] Fernando el Santo y Alfonso el Sabio, inició, el primero, y realizó el segundo, la gran tarea de poner en castellano la ciencia griega conservada por los árabes. Y fue en su Alcázar de Toledo[8] donde se realizó tal acontecimiento.

Escuela de traductores de Toledo

Con la toma de Toledo por las fuerzas de la Reconquista (llevada a cabo por Alfonso VI de Castilla el rey del Cid en 1085) y la expulsión de los judíos de Andalucía por parte de los almohades, se dan cita en Toledo las tres culturas: árabe, cristiana y judía. En Toledo se traducían al latín y también a lengua vulgar los textos árabes y judíos. La escuela atraviesa por tres etapas. Comienza con una etapa anterior a la conquista de Toledo, representada por la labor del arzobispo y gran canciller de Castilla **don Raimundo** (1130-1150) y dura hasta el reinado de **Alfonso X "el Sabio"** (1221-1284). Con este último las traducciones se hacían mayormente al castellano vulgar. Así, Alfonso X contribuyó a la formación de la lengua escrita,

> . . .mientras los sabios musulmanes y judíos le traducían los textos árabes, que el monarca seleccionaba. Y cuando escribía su *Historia de España* o su *Gran Historia Universal,* no eran sólo árabes, sino también latinos los textos antiguos o recientes que manejaban sus colaboradores. Otras veces, rodeábase el monarca de juglares, depositarios de la historia, con su épica nacional, para recitar los cantares de gesta, mientras Alfonso iba poniendo en prosa lo que oía en verso.[9]

Cita textual larga

Si entre la segunda y tercera nota se interpone otro trabajo se utiliza "obra citada", para referirse a la misma obra citada antes

[7] J. Oliver Asín, op. cit p. 49.

[8] Ibídem. p.50.

[9] Ibídem., p.59.

La importancia de esta escuela de traductores es enorme. A través de ella se transmite al resto de Europa no sólo el pensamiento árabe, sino también muchos clásicos griegos que habían caído en el olvido. Para el desarrollo del castellano, esta labor es de enorme importancia, ya que se asientan sus bases semánticas, sobre todo con relación al latín y al árabe. Así, los ejercicios de traducción contribuyen a fijar, clarificar y consolidar la lengua. Paradójicamente en Toledo, en algunos documentos notariales como: testamentos, compras, ventas, donaciones, etcétera, fue empleada la escritura árabe.[10]

Un papel importante juega el rey Alfonso x, el Sabio, quien comisiona la escritura de: La Primera Crónica General y la General e grand Estoria obras históricas, y también Las Siete Partidas: éste fue el ensayo de sistematización del derecho (las leyes) más formidable de toda la Edad Media europea. Basado, sobre todo, en el Derecho Romano. Hay en este documento medieval un sorprendente espíritu de tolerancia. En la Partida VII, se autoriza a los judíos a seguir practicando su religión y a construir o reparar sus sinagogas. Para Alfonso x la *"Ley tanto quiere decir como leyenda en que yace enssennamiento e castigo escripto, que liga e apremia la vida del home que non faga mal, e muestra e ensenna el bien que el home debe tracer e user"*. Además, el libro La Cántigas de Santa María: obra poética dedicada a la Virgen. Por lo que respecta a las traducciones del Calila e Dimna (1251), el Sendebar y Las mil y una noches (de 1253); La estructura del último libro es similar a la del libro de El Conde Lucanor. y El Sendebar que da comienzo a la corriente misoginista en las letras europeas.[11]

Este episodio de la historia de la península nos da una idea de cómo se fue plasmando la primitiva prosa, traduciendo y moldeando al romance el latín y el árabe, o prosificando la poesía. Por eso,

Cuando en un mismo capítulo se cita al mismo autor, después de que se haya dado la ficha completa se le continúa citando en forma abreviada, en atención al lector

Véase

[10] A. Alatorre, Los 1001 de la lengua... p. 48.

[11] Cfr, Cassell's Encyclopaedia of World Literature.

"en los viejos prosistas han de aparecer siempre expresiones poéticas o juglarescas y giros propios de las lenguas vertidas. Mucho sabor arábigo guarda, por lo mismo, la prosa medieval: la frecuencia, por ejemplo, con que aparece en las obras de Alfonso el Sabio, y después en las del siglo XIV."[12]

Poesía de los siglos XIII y XIV

A principios del siglo XIII la poesía épica juglaresca había alcanzado su apogeo. Surge entonces un nuevo género poético, el **mester de clerecía,** que significa ministerio u ocupación de hombres cultos. Por clérigo se entendía no solamente las personas de vida eclesiástica, sino toda persona de la clase intelectual y culta. En el Libro de Alexandre, el autor anónimo contrapone su arte a la de los juglares.

La diferencia con la poesía juglaresca era que los temas que inspiraron a los juglares casi siempre fueron de fuente nacional. Los de la clerecía son temas generalmente más universales, basados en la antigüedad clásica o en el acervo hagiográfico (Santos) o mariano (Virgen María). Cuando el mester trata de un tema nacional, como en el caso del Poema de Fernán González. lo trata con un sentido universal. Fernán queda desprovisto de toda nota localista para convertirse en un prosista nacional-cristiano.

Con respecto *a la métrica y a la irregularidad* o anisosilabismo de la poesía juglaresca, el mester opone el isosilabismo o cuenta de sílabas. A la rima imperfecta o asonante, se opone la perfecta o consonante. Se adopta desde el primer momento la **cuaderna vía**[13] o tetrastrofos monorrimos de catorce sílabas. La repetición de la

Título subrayado o en letra itálica

[12] Cit. en Oliver Asín, op. cit. p. 50.

[13] Cuaderna vía fue la estrofa característica de la poesía culta medieval. Está formada por versos alejandrinos monorrimos.

rima se hace monótona y así ha caído casi completamente en desuso. Ejemplo:

Dicen que la verdad rompe las amistades,
pero por no decirlas nacen enemistades;
entended del proverbio las sabias claridades:
lisonja de enemigos no guarda lealtades[14]

Inspirados en el verso alejandrino.[15] Para el siglo XIV, esto se altera un poco y empiezan a surgir versos de 16 sílabas. Los autores de los mesteres llamaban a esta forma de componer versos la "ciencia de trovar".

Los autores de los poemas juglarescos son casi siempre anónimos. Los de clerecía ocasionalmente se atribuyen a sus autores, aunque muchas veces es difícil distinguir al autor de los copistas. En lo que respecta a las obras cumbres de género del siglo XIII son: El *Libro de Apolonio.* El primer mester; compuesto entre 1235-1240. Su origen es una leyenda bizantina (griega). El *Libro de Alexandre*, de Juan Lorenzo Segura de Astorga (1240), es una leyenda de Alejandro Magno. El *Poema de Fernán González* (entre 1250-1266). Fernán es el fundador de Castilla, y el líder de la cristiandad.[16]

En los siglos XIV y XV la lengua castellana, hecha española, caminaba ya hacía su época de esplendor. Su expansión aumentaba en forma tal, que hasta los musulmanes de la España cristiana aprendían y utilizaban el castellano o el aragonés (todavía reacio este último a su castellanización). Una costumbre singular empezó además a introducirse entre aquellos *múdejares o moriscos*, desde el siglo XIV y durante el XV: el uso del alfabeto árabe, para transcribir la lengua hablada española. Hoy se conserva un buen

Nota aclaratoria

[14] Arcipreste de Hita, *Libro de buen amor* 1a. Ed. 1779, México, Porrúa, 1992, p. 78.

[15] Este verso consta de catorce sílabas, muy usado en la poesía francesa cobró gran resonancia en la poesía española a partir de Rubén Darío, generalmente se divide en dos hemistiquios de siete sílabas con acento en la penúltima de cada hemistiquio. Su nombre proviene de un célebre poema medieval francés en honor a Alejandro Magno.

[16] Cit. en Oliver Asín, op. cit. p. 50.

número de libros escritos por este procedimiento, que constituyen la llamada "literatura aljamiada"[17] y que son, además, un valioso documento para el estudio del dialecto aragonés en el que la mayoría están redactados. Estos documentos fueron casi todos descubiertos casualmente bajo el entarimado del desván de una casa de Almonacid, de la Sierra (Zaragoza). Su último dueño fue un morisco que, al salir de España en 1610, cuando la expulsión, los dejó escondidos pensando, sin duda, en volver algún día a encontrarlos de nuevo. Uno de los escritos aljamiados más antiguos, de la segunda mitad del siglo XIV seguramente, es el *Poemaá de* Yuruf o historia del patriarca José, compuesto en la cuaderna vía por un morisco aragonés.[18]

Obra cumbre del género fue El Poema de Yusuf. Narra la historia bíblica de José, de principios del XIV. De especial interés por ser literatura aljamiada, o sea, escrita en castellano con caracteres árabes. Otra obra fue *El Cantar de Rodrigo* (también llamado *Mocedades de Rodrigo*), de la segunda mitad del siglo XIV, que narra los sucesos de la juventud del Cid. Además, el *Poema de Alfonso Onceno*, de mediados del XIV, basado en la historia del reinado de Alfonso XI.

El último de los mesteres de clerecía. Obra muy variada, con temas religiosos, didácticos, satíricos y líricos de finales del XIV, mezcla la cuaderna vía con coplas de arte mayor.[19] Tal vez el poeta más apreciado del siglo XIII sea Gonzalo de Berceo (1195-1264), que fue principalmente poeta hagiográfico (hagiografía: las vidas de los santos) y mariano (de la Virgen María). Autor de la *Vida de San Millán*, la *Vida de Santo Domingo de Silos, Vida de Santa Oria* y de los *Milagros de Nuestra Señora.* Otro autor importante fue don Juan Manuel, quien escribió *El conde Lucanor*, cuya estructura es

[17] Literatura Aljamiada, escrita en castellano con caracteres árabes. Aljamiada es el nombre que daban los moros a la lengua castellana.

[18] J. Oliver Asín, op. cit. p. 54-59.

[19] Ocho versos de diez a trece sílabas.

parecida a *Las mil y una noches*. Por otra parte, Juan Ruiz, Arcipreste de Hita, autor de *El Libro de buen amor*. en el siglo XIV, muestra gran calidad en su prosa escrita en cuaderna vía.

De múltiple y diversas formas la prosa y poesía castellana se moldeó, en diferentes épocas, por la convivencia con otras lenguas, expandiéndose, primero, en la península ibérica, después, en Latinoamérica. Las producciones literarias españolas tuvieron su origen en la Baja Edad Media, con la formación de la lengua castellana.

Bibliografía

Alatorre, Antonio. Los 1001 años de la lengua española. 6a. ed. México, Tezontle Fondo de Cultura Económica, 1998.

Aristóteles. La Poética. Versión de Juan García Bacca. México, Editores Unidos, 1997.

Baldinger, Kurt. La formación de los dominios lingüísticos en la Península Ibérica. 2a. ed. Madrid, Gredos, 1971.

Bolaños e Islas, Amacio. Prólogo. El libro del buen amor. Por Arcipreste de Hita 1a. ed. 1790. México, Porrúa Sepan Cuántos 76, 1992.

---. Prólogo. Poema del Mío Cid. 1779. México: Porrúa, 1997.

Cassell's encyclopaedia of world literature, 1995.

Méndez Pidal. La epopeya castellana a través de la literatura. Buenos Aires, 1945.

Oliver Asín, Jaime. Iniciación al estudio de la historia de la lengua española. 2a. ed. Zaragoza: Heraldo de Aragón, 1938.

Bibliografía

American Psychologycal Association. *Publication Manual of the American Psychological Association* 4a. ed. Washington, D.C.: American Psychologycal Association, 1994.

American Psychologycal Association. *Electronic Reference Formats Recommended by the American Psychologycal Association.* En línea 26 de Nov. 1999. Disponible:

http://www.apa.org/journals/web/

Arias Galicia, Fernando. *Introducción a la técnica de investigación en ciencias de la administración y del comportamiento.* 3a. ed. México: Trillas, 1977.

Bavaresco de Prieto, Aura Ma. Las técnicas de la investigación. *Manual para la elaboración de tesis, Monografías, Informes.* Cincinnati: South-Western Publishing, 1979.

Boch García, Carlos. *La técnica de investigación documental,* 5a. ed. México: UNAM, 1974.

Burgos, Miguel Ángel. *Computación Aplicada.* México: Trillas.

The Chicago Manual of Style. 14 ed. Chicago: University of Chicago Press, 1993.

Domínguez, Luis Adolfo. *Redacción III investigación documental revisión de documentos y fuentes de información. Redacción de monografías y tesis.* México: Diana, 1983.

Eco, Umberto. *Cómo se hace una tesis.* 3a. Reimp. 5a. ed. Madrid: Gedisa, 1996.

Fazard, Héctor. *Guía completa de Microsof.* México: Paidós.

Gibaldi, Joseph. *MLA Handbook for Writers of Research Papers.* 2a reimp., 4a. ed. New York: Modern Language Association, 1995.

Garza Mercado, Ario. *Manual de técnicas de investigación.* 3a ed. México: El Colegio de México, 1981.

Garza Mercado, Ario. *Normas de estilo bibliográfico para ensayos semestrales y tesis.* México: El Colegio de México, 1995.

Goode William J. *Método de investigación social.* Trad. Ramón Palazón B. México: Trillas, 1967.

Hacker, Diana. *Research and documentation in the electronic age.* Boston: Bedfod Books. 1998.

Herrero Solana, Víctor Federico. *Guía de fuentes de información sobre recursos de internet*, México: El Colegio de México, 1998.

Ibañez Brambila, Berenice. *Manual para la elaboración de tesis*, México: Trillas: 1997.

Lawrence E. Harrison. *¿Qué es internet?* México: Grijalbo, 1998.

León Penago, Jorge E. de. *El Libro.* 2a. reimp. 5a. edición, México: Trillas, 1995.

López Alcaraz María de Lourdes y Graciela Martínez-Zalce. *Manual para invesigaciones literarias.* México: Universidad Autónoma de México, 1996.

Luna Castillo, Antonio. *Métodología de la tesis.* México: Trillas, 1998.

Max, Hermann. *Investigación Económica, su metodología y su técnica.* 2a. ed. México: Fondo de Cultura Económica, 1965.

Munch Lourdes y Ernesto Ángeles. *Métodos y técnicas de investigación.* 7a. reimp., 2a. ed. México: Trillas, 1998.

Munguía Zatarain, Irma y José Manuel Salcedo Aquino. *Manual de Investigación Documental.* México: Universidad Pedagógica Nacional, 1988.

Olea Franco, Pedro y Sánchez del Carpio Francisco. *Manual de técnicas de investigación documental.* 2a. ed. México: Esfinge, 1980.

Pardinas, Felipe. *Métodologia y técnicas de investigación en ciencias sociales.* 16 ed. México: Siglo XXI, 1976.

Real Academia Española. *Esbozo de una nueva gramática de la lengua española.* 17a. reimp. España: ESPASA. 1998.

Rosenblueth, Arturo. *El método científico*, 7a. reimp. México: Centro de Investigaciones y de Estudios Avanzados del Instituto Politécnico Nacional, 1980.

Rojas Soriano, Raúl. *Guía para realizar investigaciones sociales.* 4a. ed. México Universidad Nacional Autónoma de México.

Serafini Ma. Teresa. *Cómo redactar un tema.* Didáctica de la escritura. Trad. de Rosa Premat. México: Paidós, 1997.

Taborga, Huáscar. *Cómo hacer una tesis.* 7a. ed. México: Grijalbo, 1980.

Walker, Janice. *Referencias electrónicas MLA*, Disponible:
http://www.cas.usf.edu/english/walker/mla.html.

Xia Li y Nancy Crane. *Referencias electrónicas MLA.* Disponible:
http://lwww.uvm.edu/~xli/reference/mla.html.

Zavala Ruiz. Roberto. *El Libro y sus orillas. Tipografías originales, redacción de estilo y de pruebas.* 3a. ed. México: Universidad Autónoma de México, 1998.

Apéndices

Las partes de un libro

Las partes de un libro[1] pueden cambiar, de acuerdo con la editorial, la fecha en que se publicó y el país en que se editó. Sin embargo, se debe tener presente que la estructura de un libro no cambia sustancialmente.

Fig. 1. Vicent Van Gogh, *Biblia abierta, candelero extinguido y novela,* 1885. Óleo sobre tela. Colección y fotografía Museo Van Gogh, Amsterdam, Holanda. Vicent Van Gogh. *Saver ver,* Agosto-Septiembre, 1996, p. 6.

Páginas preliminares

Portada, cubierta o primera de forros. En esta parte debe indicarse el nombre del autor o autores y título y subtítulo de la obra. Generalmente presenta un vistazo de la materia concreta, número de volumen o tomo.

Los datos editoriales, que por ley debe contener un libro, son: a) propietario de los derechos de autor e información relativa a la edición en general, b) fecha publicación, c) nombre y domicilio de la editorial, d) números de ISBN correspondiente a la obra completa (si el volumen forma parte de un conjunto mayor) y el libro en particular, e) la leyenda impreso y hecho en México, o simplemente hecho en México u otra ciudad.

[1] En este apartado se resume información tomada de tres fuentes: Roberto Ruiz Zavala, *El Libro y sus orillas.* 2a. reimpresión y tercera edición, México, UNAM, 1998; Luis Adolfo Domínguez, *Redacción Tres,* 2a. reimpresión. México, UNAM, 1983; Jorge E. de León Penagos. *El libro,* 2a. reimp. y 5a. edición. México, Trillas.

Dedicatoria, agradecimiento a una persona o institución a quien se le brinda el trabajo. Elemento demasiado frecuente en una investigación.

Epígrafe, en general está compuesto de una o varias citas, de uno o varios autores, que se colocan antes del texto. Parece superficial mencionarlo, pero para el investigador tiene que ser significativo consultar un libro.

Prefacio, prólogo, presentación, advertencia y nota preliminar, son nombres que forman parte de la introducción del texto en sí. Desde el prefacio (lo antes dicho) hasta la amenazadora advertencia o la modesta nota preliminar, estos términos han sido utilizado desde el siglo XV.

Índice general, contenido o tabla de contenidos, es la relación exacta de las grandes divisiones del libro. Es una lista que presenta las partes de los capítulos y demás subdivisiones del libro, así como su número de páginas. Los títulos de cada uno de los capítulos son los datos indicadores de lo que el investigador puede emplear para elaborar su trabajo. Los capítulos son el desglosamiento de los temas que abarca una obra. El investigador puede usar un libro en función de un sólo capítulo aprovechable, pero también debe tener la posibilidad de discriminar las obras cuyos capítulos, aunque sólo sea uno, pueda emplear. En algunos textos se incluye el índice al final del libro.

Texto o contexto es el cuerpo del contenido del libro; pueden formar parte de él ilustraciones tales como mapas, fotografías, dibujos, gráficas, etcétera. El texto debe empezar en página impar. La extensión de las obras obliga a separarlos en partes, secciones o libros; cada una de estas subdivisiones está separada por una falsa en página impar. (Se llama falsa a una página impresa en una sola cara, la impar, y que aparece en blanco.) El texto de cada parte comenzará en la siguiente página impar.

El sumario, es un agregado que el autor de la obra pone al final de cada capítulo. Su objetivo es subrayar algunos argumentos o ideas que expuso en el texto.

Notas (ver modelo de citación latino). Son referencias que se colocan al final del capítulo o al pie de las páginas. Se supone se utilizan para señalar de dónde tomaron las citas reproducidas en el texto: los autores, los datos editoriales de los libros, etcétera. Cuando son notas de pie de página, se acostumbra poner al frente un número ([1]) o asterisco (*) para que el lector busque en la parte inferior de la hoja.

Las notas de capítulo se colocan numeradas progresivamente al final de cada uno de ellos. Se diferencian del sumario en que no insisten sobre el contenido del texto parcial, sino que aclaran las fuentes de información, pues incluso proporcionan datos de fichas bibliográficas.

Páginas finales

Son los agradecimientos incluidos después del texto. En general son de dos tipos: los que van a complementar el contenido del texto y los que lo relacionan con las obras consultadas, los términos empleados, los autores citados y los libros vinculados con el mismo tema.

Colofón, conclusión y epílogo son formas de terminar con el texto, que tienen diferentes nombres, pero no distintas funciones en esencia.

Colofón, del griego *kolophon*, cumbre. Es una breve relación de los datos editoriales o de cómo se realizó la obra. Contiene datos como pie de imprenta, fecha de terminación de la edición, número de ejemplares y dirección de la imprenta.

La conclusión se acostumbra ponerlas en trabajos de tipo escolar, como tesis o monografías.

Epílogo es la recapitulación final o la condensación del texto.

Vocabulario o glosario es la relación alfabética de términos empleados en el libro, que se considera de difícil comprensión para el lector. Esta sección forma parte, por lo general, de los libros técnicos y de los que emplean muchos vocablos extranjeros. Habitualmente se colocan las palabras seguidas de su traducción. Cuando se trata de una edición filológica; se presenta el significado de ciertas palabras o modismos antiguos.

Bibliografía es la relación de obras que cita o ha consultado el autor del libro. Esta lista se coloca la final, en orden alfabético.

Los índices finales son relaciones detalladas de los contenidos del libro. Los índices de obras técnicas o escolares se colocan al final de las obras para que los investigadores busquen allí un tema específico.

Los índices de autores, alfabéticamente ordenados aparecen en el texto, a fin de localizar su bibliografía en el apartado correspondiente.

Los índices alfabéticos pueden ser una mezcla de autores y vocabulario de términos o materias tratadas en el libro.

Este cuaderno se terminó de imprimir en los talleres de la Universidad Madero en marzo del año 2001. El cuidado de la edición estuvo a cargo de la Lic. Eva Ruiz Delgado. Se tiraron un total de 50 ejemplares más sobrantes para reposición.

Pie de imprenta es la indicación final del libro que contiene datos y fecha de edición, cantidad de ejemplares y responsable de la edición.

La fe de erratas rectifica los errores en la edición, en una hoja suelta que se incluye en cada ejemplar, con la enmienda correspondiente.

Lista de abreviaturas y locuciones que se usan en los trabajos de investigación

a. C.	antes de Cristo; antes de Jesucristo
anón	anónimo
ant.	antiguo
apénd.	apéndice
apost.	apostillado
art.	artículo
aut.	autor
bibl.	biblioteca
bibliogra.	bibliografía
bol.	boletín
cap.	capítulo
©	copyright: derechos de publicación
ca.	*circa:* alrededor de, casi, en torno, acerca, datos aproximados, generalmente en fechas
cát.	catálogo
cit. pos	*citatum pos*; cit. por: citado por
cód.	códice

comp.	compilador
cont.	continúa
d. C.	después de Cristo
coed.	coeditor
cf., c.fr. o cfr.	compare, confróntese, consúltese, cotéjese, véase
diags.	diagramas
ed.	edición
edit.	editor
et al.; etalii	*et alii o etalius:* y otros (autores). Se utiliza frecuentemente cuando de una lista de autores se menciona sólo el primero; todo en mayúsculas sustituye autores
et seq.	*et sequens;* y lo que sigue, equivalencia a etcétera. Se usa muy poco esta forma en latín
ib	ibíd; ibídem. El mismo autor pero diferente página.
ibíd	abreviatura de ibídem. Significa allí mismo, en el mismo lugar, en el mismo punto
ibídem	lo mismo, el mismo, la misma persona. Se utiliza cuando se cita el mismo autor que aparece inmediatamente antes, pero con otra obra
id.	ídem: el mismo, la misma persona, la misma página
i.e.	*id est:* eso es
infra	infra: abajo, más abajo, vea más abajo, debajo, más adelante, posteriormente. Cuando se refiere o remite a una parte posterior de la obra. No abreviación
ipso facto	por el hecho mismo
leg.	Legajo, carpeta o atado de documento relacionados con el tema.
lapsus linguae	error al pronunciar
loc. cit	*locus citatum:* en el lugar citado. Se usa cuando se utiliza nuevamente una locución o texto ya citado

Nihil obstat	nada lo impide
nota bene	adviértase bien
o.c.; art. cit.	Cuando después de varias citas de autores distintos se repite uno de ellos con la obra citada anteriormente
op.cit.; Op.cit.	*opus citatium:* obra citada. Se utiliza cuando volvemos a usar la obra de un autor ya citado
sic	así; palabras textuales. (En los casos en que aparezcan errores gráficos, sintaxis rara o exageraciones, se respetan tal como aparezcan, y se añade *sic*, para indicar que no fue error del investigador. También para señalar un lapsus gramatical
p.s.	*post scriptum:* después de escrito
post.	véase más adelante
vs	opuesto; *versus* opuesto
v. gr.	verbigracia: por ejemplo

Abreviaturas de uso común en una bibliografía

facs.	facsímiles
fasc.	fascículo
fig.; figs	figura; figuras
fol.; ff.	folio; folios
fots.	fotografías
Front	frontispicio
grafs.	gráficas
il.	ilustrado, ilustrador
ilus.	ilustraciones
imp.	impresa, impreso.
infra., inf.	debajo, abajo; véase más adelante.
láms.	láminas
maps.	mapas
Ms, MS.	manuscrito
Mss., MSS.	manuscritos
n.s.	nueva serie

n.t.	nota del traductor
p., pp.	página; páginas; también pág.,/págs.
p. ej.	por ejemplo
plans.	planos
retrs.	retratos
s.; ss.	página siguiente; páginas siguientes
s.d.	*sine dato:* sin dato

Cualquier abreviatura o locución que indica la ausencia de algún elemento de los que deben figurar en la portada de un libro (como año, lugar, fecha, editor, etc.), debe estar entre corchetes. Ejemplo: [s.a].

supra	más arriba, en la parte anterior
s.a.	sin año
s.f.	sin fecha
s.e.	sin mención del editor
s. l.; n.l.	sin lugar de publicación; ningún lugar
s. n.; nn.	Sin nombre del editor; ningún nombre
s. p. i.	Sin pie de imprenta. (En el caso en que no haya lugar, ni editor ni año de la publicación.)
supl.	Suplemento
t.	tomo
tabls.	tablas
tít.	título
tr./ trad.	traducido, traductor
vol.; vols.	volumen; volúmenes
v.; vv.	volumen; volúmenes

Nota: en esta lista figuran las abreviaturas más comunes. Hay temas específicos (paleografía, filología clásica y moderna, lógica, matemáticas, etc.) que disponen de series de abreviaturas propias; que se aprenden a través de la lectura de la literatura crítica sobre el tema.

Signos usados para corrección de trabajos

A continuación pueden ver los signos convencionales usados en la corrección de pruebas y lo que significan. Todos los que trabajan con pruebas tipográficas deberían aprenderlos y usarlos.

SEÑALES DE LLAMADA

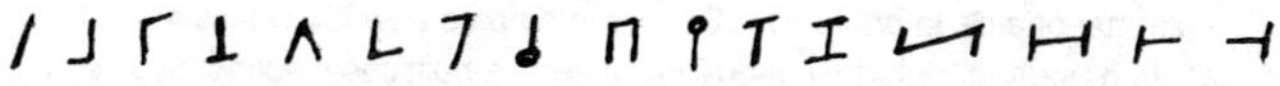

SIGNOS REPRESENTATIVOS

	1. Suprimir.	X	10. Bajar un espacio.		19. Transposición de líneas.
#	2. Poner espacio. Separación.	ⓔ	11. Letra o signo de otro tipo.		20. Evitar callejones que suele formar el espaciado.
	3. Unir.		12. Letra o signo exponente o volado.		21. Aliniación horizontal de comienzos o finales de líneas.
	4. Volver una letra o signo que está al revés.		13. Letra o signo subíndice o baja.	||	22. Alineación vertical de una o más líneas.
	5. Aspa colocada encima de una vocal indica suprimir acento.		14. Recorrido a principio o fin de línea.	—#	23. Falta de blanco en el interlinedo.
	6. Sangrar un párrafo.		15. Aliniación izquierda o derecha de una o más palabras.	4p.	24. Exeso de blanco en el interlineado.
	7. Punto y aparte.		16. Transposiciones de letras, sílabas o palabras.		25. Trasladar una o varias líneas.
	8. Punto y seguido.		17. Principios o finales de letras, sílabas iguales.		26. Letras rotas o defectuosas.
	9. Alineación derecha o izquierda.	||||||	18. Rayas colocadas entre espacios para igualar éstos.	- - - -	27. Dejar sin efecto una corrección.

SEÑALIZACIÓN DE TIPOS

rd°	28. Redondo.		31. Cursiva.		34. Mayúsculas cursiva negra.
	29. Mayúsculas redondo.		32. Mayúsculas cursiva.		35. Minúsculas negrita.
	30. Versalitas.		33. Minúsculas cursiva negra.		36. Mayúsculas negrita.

28. Taller.
29. TALLER.
30. TALLER.
31. *Taller.*
32. *TALLER.*
33. ***Taller.***
34. ***TALLER.***
35. **Taller.**
36. **TALLER.**

Ejemplo:

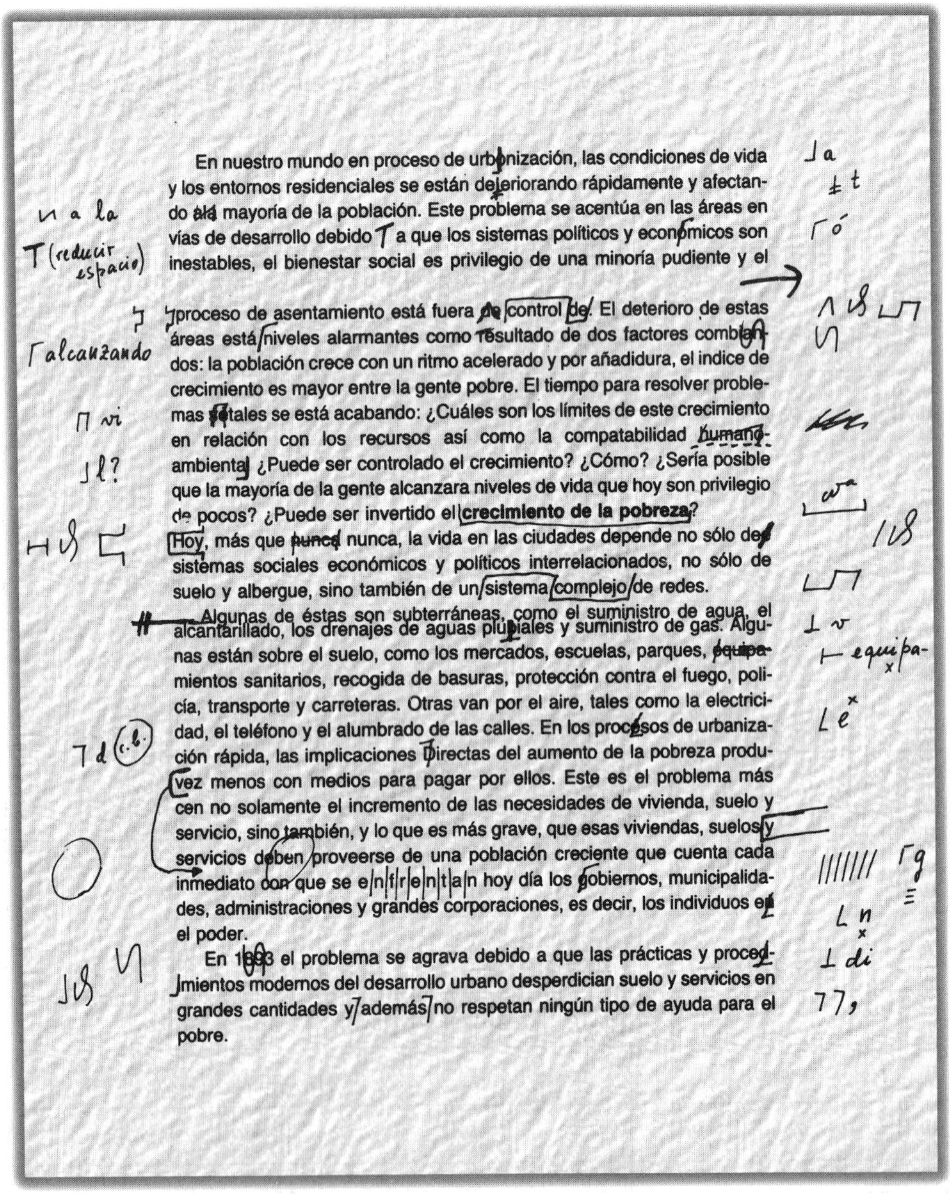

En nuestro mundo en proceso de urbonización, las condiciones de vida y los entornos residenciales se están deleriorando rápidamente y afectando ala mayoría de la población. Este problema se acentúa en las áreas en vías de desarrollo debido a que los sistemas políticos y económicos son inestables, el bienestar social es privilegio de una minoría pudiente y el

proceso de asentamiento está fuera de control de. El deterioro de estas áreas está niveles alarmantes como resultado de dos factores combinados: la población crece con un ritmo acelerado y por añadidura, el indice de crecimiento es mayor entre la gente pobre. El tiempo para resolver problemas totales se está acabando: ¿Cuáles son los límites de este crecimiento en relación con los recursos así como la compatabilidad humano-ambiental ¿Puede ser controlado el crecimiento? ¿Cómo? ¿Sería posible que la mayoría de la gente alcanzara niveles de vida que hoy son privilegio de pocos? ¿Puede ser invertido el **crecimiento de la pobreza**?

Hoy, más que nunca nunca, la vida en las ciudades depende no sólo de sistemas sociales económicos y políticos interrelacionados, no sólo de suelo y albergue, sino también de un sistema complejo de redes. Algunas de éstas son subterráneas, como el suministro de agua, el alcantarillado, los drenajes de aguas plubiales y suministro de gas. Algunas están sobre el suelo, como los mercados, escuelas, parques, equipamientos sanitarios, recogida de basuras, protección contra el fuego, policía, transporte y carreteras. Otras van por el aire, tales como la electricidad, el teléfono y el alumbrado de las calles. En los procesos de urbanización rápida, las implicaciones directas del aumento de la pobreza producen no solamente el incremento de las necesidades de vivienda, suelo y servicio, sino también, y lo que es más grave, que esas viviendas, suelos y servicios deben proveerse de una población creciente que cuenta cada vez menos con medios para pagar por ellos. Este es el problema más inmediato con que se enfrentan hoy día los gobiernos, municipalidades, administraciones y grandes corporaciones, es decir, los individuos en el poder.

En 1993 el problema se agrava debido a que las prácticas y procedimientos modernos del desarrollo urbano desperdician suelo y servicios en grandes cantidades y además no respetan ningún tipo de ayuda para el pobre.

Cuaderno

De ejercicios

Objetivo

Que el alumno se ejercite en el uso de la investigación documental.

Índice Pág.

Introducción

El presente cuaderno de ofrece al estudiante realizar algunos *ejercicios* que le permitirán comprender de manera práctica los conocimientos sobre la investigación documental. Asimismo, le proporciona un instrumento para ejercitar lo aprendido y reforzar lo que aprendió sobre los modelos editoriales considerados. El cuaderno presenta ejercicios de opción múltiple, de respuesta breve y preguntas abiertas.

Para reforzar estos conocimientos se sugiere visitar bibliotecas y hemerotecas, así como asistir a videotecas o cine club y fichar algunos libros o revistas de esos sistemas de información.

Tema: Aspectos metodológicos

Instrucciones:

Escriba dos conceptos de lo que es investigar. Anote los datos de los libros que consultó.

Autor **Título**

Concepto:

Autor **Título**

Concepto:

Instrucciones:

Consulte dos libros de diferentes autores y escriba las definiciones de método.

Autor **Título**

Definición:

Autor **Título**

Definición:

Instrucciones:

Consulte tres libros de diferentes autores y escriba los siguientes datos en los modelos de tarjeta que están abajo.

Autor(es)
Título
Número de edición
Lugar de edición (ciudad)
Editor
Fecha
Total de páginas
Colección o serie

Autor(es)
Título
Número de edición
Lugar de edición (ciudad)
Editor
Fecha
Total de páginas
Colección o serie

Autor(es)
Título
Número de edición
Lugar de edición (ciudad)
Editor
Fecha
Total de páginas
Colección o serie

Tema: Sistemas de Información

Instrucciones:

De acuerdo al capítulo Sistema de información, conteste las siguientes preguntas. Escriba la respuesta en los renglones de abajo.

1. ¿Cuáles son los tipos de catálogo bibliográfico que existen en la biblioteca para buscar información?

2. ¿Qué es el hipertexto?

3. Los sistemas de información sirven para localizar información bibliográfica, hemerográfica, electrónica, videográfica. ¿Cuáles son? Escribe cada uno de éstos en los renglones de abajo.

4. ¿Cuáles son las fuentes de información primaria?

5. Para realizar una investigación científica es necesario usar un método. Defina tres de éstos.

1.

2.

3.

Objetivo: Identificar diferentes documentos para la elaboración de fichas de trabajo.

Instrucciones:

Consulte tres libros de diferentes autores y escriba los siguientes datos en los modelos de tarjeta que están abajo.

Autor. Empieza por los apellidos

Título y subtítulo, subrayado

Prólogo y/o traductor. Empiece por el nombre

Número de volumen o tomo

Lugar de edición (ciudad)

Edición a partir de la segunda

Año de edición

Editorial

Total de páginas

Autor(es). Empiece por los apellidos

2o. Autor. Empiece por el nombre y luego los apellidos

Título y subtítulo, subrayado

Prólogo y/o traductor. Empieza por el nombre

Número de volumen o tomo

Lugar de edición (ciudad)

Edición a partir de la segunda

Año de edición

Editorial

Total de páginas

Autor(es). Empiece por los apellidos

2o. Autor. Empiece por el nombre y luego los apellidos

Título y subtítulo, subrayado

Prólogo y/o traductor. Empiece por el nombre

Número de volumen o tomo

Lugar de edición (ciudad)

Edición a partir de la segunda

Año de edición
Editorial
Total de páginas

Instrucciones:

Consulte dos periódicos y una revista semanal que circulen en la zona que vive. Escriba los siguientes datos en los modelos de tarjeta que están abajo.

Título de un artículo, entre comillas

Autor(es) del artículo. Empiece por los apellidos

Nombre del periódico, subrayado

Lugar de edición (ciudad)

Colección o serie

Fecha

Páginas del artículo (pp).

Título de un artículo, entre comillas

Autor(es) del artículo. Empiece por los apellidos

Nombre del periódico, subrayado

Lugar de edición (ciudad)

Colección o serie

Fecha

Páginas del artículo (pp).

Título de un artículo, entre comillas

Autor(es) del artículo. Empiece por los apellidos

Nombre del periódico, subrayado

Lugar de edición (ciudad)

Colección o serie

Fecha

Páginas del artículo (pp).

Instrucciones:

Consulte dos tesis y escriba los siguientes datos en los modelos de tarjeta que están abajo.

Autor(es) Empiece por los apellidos

2o. Autor. Empiece por el nombre

Título y subtítulo subrayado

Institución para la que se presenta

Lugar y fecha

Páginas

Autor. Empiece por los apellidos

Título y subtítulo subrayado

Institución para la que se presenta

Lugar y fecha

Páginas

Instrucciones:

Visite un archivo. Escriba en los cuadros de abajo, los datos de una escritura o de un acta de nacimiento o de un certificado de estudios.

Asunto

Lugar y fecha

Nombre del archivo

Ramo, foja, volumen o expediente

Asunto

Lugar y fecha

Nombre del archivo

Ramo, foja, volumen o expediente

Instrucciones:

Escriba en los cuadros de abajo, los datos de un disco y un casete.

Título o tema del álbum subrayado
Título de la canción, entre comillas
Intérprete
Autor de la letra
Tipo de material (disco o casete)
Fecha de edición
Casa grabadora
Colección o serie

Título o tema del álbum subrayado
Título de la canción, entre comillas
Intérprete
Autor de la letra
Tipo de material (disco o casete)

Fecha de edición

Casa grabadora

Colección o serie

Instrucciones:

Escriba en los cuadros de abajo, los datos de tres programas uno de radio y dos de televisión.

Nombre del programa, subrayado

Productor. Empiece por los apellidos

Locutor. Empiece por el nombre

Estación o cadena por la que se transmite

Lugar de emisión

Periodicidad

Horario

Fecha

Nombre del programa

Productor. Empiece por los apellidos

Locutor. Empiece por el nombre

Estación o cadena por la que se transmite

Lugar de emisión

Periodicidad

Horario

Fecha

Nombre del programa

Productor. Empiece por los apellidos

Locutor. Empiece por el nombre

Estación o cadena por la que se transmite

Lugar de emisión

Periodicidad

Horario

Fecha

Tema: Sistema de información

Instrucciones:

Complete las siguientes afirmaciones con una de las palabras ubicadas dentro del recuadro y escríbala en el espacio correspondiente.

Atlas, antología, biblioteca, diccionario, enciclopedia, manual, obra completa, anónimo, edición facsimilar, libro del año, monografía, obra apócrifa, epítome, folleto.

1. Obra que pretende tratar de manera general el conjunto de conocimientos humanos o de una materia, en orden alfabético o temático

2. Resumen de una obra extensa

3. Es más breve que un libro, e informa de manera rápida sobre un tema técnico o científico

4. Es una obra que sólo contiene mapas

5. Es una obra que presenta palabras en orden alfabético con definiciones y explicaciones precisas de su significado; pueden estar escritos en una o más lenguas

6. Son trabajos, por lo general ordenados alfabéticamente, que proporcionan información introductoria sobre una materia

7. Obra cuyo autor no se conoce

8. Obra cuyo texto es reconocido como falso o su autor es fingido

9. Libro en el que se reproduce la edición anterior sin alterar ningún elemento, por medio de litografías o fotograbados

10. Obra que recopila partes de una novela, ensayos, poesía, etcétera

Actividad grupal

Visite la biblioteca de su universidad con sus compañeros y busque diez libros diferentes.

Cada estudiante debe mostrar las características de cada uno de los libros encontrados a sus compañeros y analizar el contenido de los mismos.

Tema: Técnicas de investigación documental

Instrucciones:

Lea con atención la siguiente ficha hemerográfica y marque con una "X", en los paréntesis, la respuesta.

> Lugo Vázquez, Mauricio Humanismo y antihumanismo. La Quimera No. 4 año 1, México, julio-agosto 2001.

La ficha es ( ) APA, ( ) MLA o ( ) ML.

( ) De artículo de periódico

( ) De libro

( ) De Internet

Lea con atención la siguiente ficha.

> Pérez, Matilde. "El crimen ambiental se ha globalizado: Interpol." La Jornada 9 de octubre de 1998" 53.

Los elementos que faltan son:

( ) Número de páginas y título subrayado

( ) Título del artículo

( ) Autor

( ) Nombre del periódico

( ) Editor

( ) Año de edición

La ficha es ( ) APA, ( ) MLA o ( ) ML.

La ficha textual contiene:

( ) La transcripción literal de los planteamientos, ideas y opiniones del autor, entre comillas

( ) Los datos descriptivos externos de obra

( ) Cuadros sinópticos elaborados por el investigador

( ) Críticas, conclusiones y juicios del investigador

La ficha de videográfica contiene los siguientes datos:

( ) La dirección del autor

( ) El título del *video tape*, la duración, el año, tipo de *video tape*

( ) Los actores del *video tape*

( ) Semblanza del autor

La ficha electrónica contiene los siguientes datos:

( ) Síntesis de la obra

( ) La dirección electrónica, fecha, nombre del autor, título del artículo

( ) Nombre del director

La ficha de iconográfica contiene los siguientes datos:

( ) Dirección del museo donde se encuentra la obra

( ) Datos relativos a la pintura, fotografía, edificio

( ) Descripción de la imagen

( ) Título de la exposición

Las partes de una la ficha de trabajo son:

( ) Fichas biográficas del autor, completas

( ) Datos para identificar la fuente, tema y texto

( ) Síntesis de lo leído, tema y subtema

( ) Una cita textual

Las partes de una la ficha iconográfica son:

( ) Nombre del compositor, del cantante, año de la presentación de la pieza musical

( ) Nombre del autor de la obra iconográfica y datos particulares de la obra; nombre del libro de donde se tomó la imagen.

( ) Nombre del escultor o pintor

La ficha audiográfica contiene los siguientes datos:

( ) Grabaciones, radioprogramas, casetes, etcétera.

( ) Videos, películas, programas de televisión

( ) Libros y revistas

( ) La Internet.

La ficha hemerográfica contiene datos como los siguientes:

( ) Nombre de la revista o periódico, número de volumen y tomo, la ciudad, número de páginas y título del artículo

( ) Datos sobre carta, memorándum, recibo

( ) Datos de mapas

( ) Catálogos de periódicos

Intrucciones:

Lea con atención el siguiente texto y elabore las fichas que se piden en cada caso, de acuerdo con las normas establecidas por los modelos editoriales APA, MLA y ML.

Título: El Laberinto de la Soledad

Autor: Octavio Paz

Año: 1989

Editorial: F.C.E.

IV

LOS HIJOS DE LA MALINCHE

LA EXTRAÑEZA que provoca nuestro hermetismo ha creado la leyenda del mexicano, ser insondable. Nuestro recelo provoca el ajeno. Si nuestra cortesía atrae, nuestra reserva hiela. Y las inesperadas violencias que nos desgarran, el esplendor convulso o solemne de nuestras fiestas, el culto a la muerte, acaban por desconcertar al extranjero. La sensación que causamos no es diversa a la que producen los orientales. También ellos, chinos, indostanos o árabes, son herméticos e indescifrables. También ellos arrastran en andrajos un pasado todavía vivo. Hay un misterio mexicano como hay un misterio amarillo y uno negro. El contenido concreto de esas representaciones depende de cada espectador. Pero todos coinciden en hacerse de nosotros una imagen ambigua, cuando no contradictoria: no somos gente segura y nuestras respuestas como nuestros silencios son imprevisibles, inesperados. Traición y lealtad, crimen y amor, se agazapan en el fondo de nuestra mirada. Atraemos y repelemos.

No es difícil comprender los orígenes de esta actitud. Para un europeo, México es un país al margen de la Historia universal. Y todo lo que se encuentra alejado del centro de la sociedad aparece como extraño e impenetrable. Los campesinos, remotos, ligeramente arcaicos en el vestir y el hablar, parcos, amantes de expresarse en formas y fórmulas tradicionales, ejercen siempre una fascinación sobre el hombre urbano. En todas partes representan el elemento más antiguo y secreto de la sociedad. Para todos, excepto para ellos mismos, encarnan lo oculto, lo escondido y que no se entrega sino difícilmente, tesoro enterrado, espiga que madura en las entrañas terrestres, vieja sabiduría escondida entre los pliegues de la tierra.

La mujer, otro de los seres que viven aparte, también es figura enigmática. Mejor dicho, es el Enigma. A semejanza del hombre de raza o nacionalidad extraña, incita y repele. Es la imagen de la fecundidad, pero asimismo de la muerte. En casi todas las culturas las diosas de la creación son también deidades de destrucción. Cifra viviente de la extrañeza del universo y de su radical heterogeneidad, la mujer ¿esconde la muerte o la vida?, ¿en qué piensa?, ¿piensa acaso?, ¿siente de veras?, ¿es igual a nosotros? El sadismo se inicia como venganza ante el hermetismo femenino o como tentativa desesperada para obtener una respuesta de un cuerpo que tememos insensible. Porque, como dice Luis Cernuda, "el deseo es una pregunta cuya respuesta no existe". A pesar de su desnudez –redonda, plena– en las formas de la mujer siempre hay algo que desvelar:

Eva y Cipris concentran el misterio
del corazón del mundo.

Para Rubén Darío, como para todos los grandes poetas, la mujer no es solamente un instrumento de conocimiento, sino el conocimiento mismo. El conocimiento que no poseeremos nunca, la suma de nuestra definitiva ignorancia: el misterio supremo.

Es notable que nuestras representaciones de la clase obrera no estén teñidas de sentimientos parecidos, a pesar de que también vive alejada del centro de la sociedad –inclusive físicamente, recluida en barrios y ciudades especiales–. Cuando un novelista contemporáneo introduce un personaje que simboliza la salud o la destrucción, la fertilidad o la muerte, no escoge, como podría esperarse, a un obrero –que encierra en su figura la muerte de la vieja sociedad y el nacimiento de otra–. D. H. Lawrence, que es uno de los críticos más violentos y profundos del mundo moderno, describe en casi todas sus obras las virtudes que harían del hombre fragmentario de nuestros días un hombre de verdad, dueño de una visión total del mundo. Para encarnar esas virtudes crea personajes de razas antiguas y no-europeas. O inventa la figura de Mellors, un guardabosque, un hijo de la tierra. Es posible que la infancia de Lawrence, transcurrida entre las minas de carbón inglesas, explique esta deliberada ausencia. Es sabido que detestaba a los obreros tanto como a los burgueses. Pero ¿cómo explicar que en todas las grandes novelas revolucionarias tampoco aparezcan los proletarios como héroes, sino como fondo? En todas ellas el héroe es siempre el aventurero, el intelectual o el revolucionario profesional. El hombre aparte, que ha renunciado a su clase, a su origen o a su patria. Herencia del romanticismo, sin duda, que hace del héroe un ser antisocial. Además, el obrero es demasiado reciente. Y se parece a sus señores: todos son hijos de la máquina.

El obrero moderno carece de individualidad. La clase es más fuerte que el individuo y la persona se disuelve en lo genérico. Porque ésa es la primera y más grave mutilación que sufre el hombre al convertirse en asalariado industrial. El capitalismo lo despoja de su naturaleza humana –lo que no ocurrió con el siervo– puesto que reduce todo su ser a fuerza de trabajo, transformándolo por este solo hecho en objeto. Y como a todos los objetos, en mercancía, en cosa susceptible de compra y venta. El obrero pierde, bruscamente y por razón misma de su estado social, toda relación humana y concreta con el mundo: ni son suyos los útiles que emplea, ni es suyo el fruto de su esfuerzo. Ni siquiera lo ve. En realidad no es un obrero, puesto que no hace obras o no tiene conciencia de las que hace, perdido en un aspecto de la producción. Es un trabajador, nombre abstracto, que no designa una tarea determinada, sino una función. Así, no lo distingue de los otros hombres su obra, como acontece con el médico, el ingeniero o el carpintero. La abstracción que lo califica –el trabajo medido en tiempo– no lo separa, sino lo liga a otras abstracciones. De ahí su ausencia de misterio, de problematicidad, su transparencia, que no es diversa a la de cualquier instrumento. La complejidad de la sociedad contemporánea y la especialización que requiere el trabajo extienden la condición (...)

Instrucciones:

Localice las ideas principales del texto y con dos de ellas elabore dos fichas de cita textual, con un modelo editorial (APA, MLA o ML).

Instrucciones:

Ahora elabore dos citas indirectas a partir de las citas textuales anteriores.

Tema: La redacción del informe académico

Instrucciones:

Explique el uso de los siguientes signos de puntuación

[ ]

...

" "

¶

¿?

,

§

;

¡!

( )

Tema: Modelo editorial APA, MLA y ML.

Instrucciones:

A continuación se presentan reproducciones de la portada interior de varios libros. En cada caso seleccione los datos necesarios y elabore la ficha respectiva de acuerdo con las normas editoriales de los manuales APA, MLA y ML.

1.

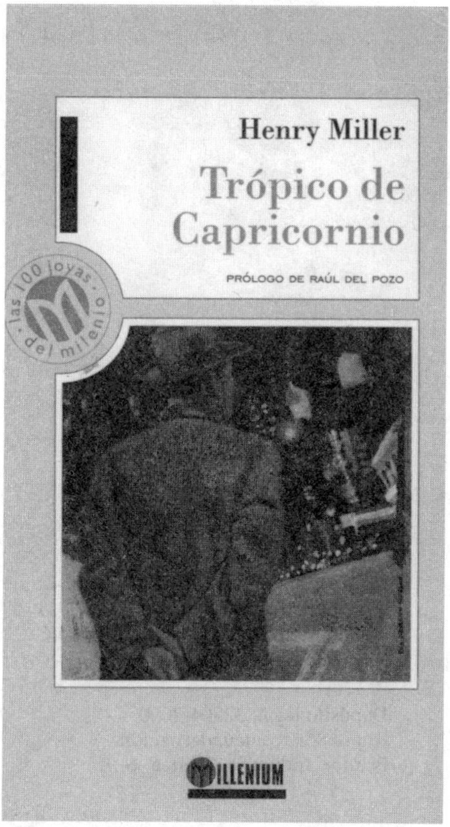

Grupo Editorial Multimedios
MILENIO MILENIO DIARIO
Público LA OPINION EL DIARIO DE TAMPICO

Colección Millenium
las 100 joyas del milenio

[redacted]

Trópico de Capricornio
Título original: *Tropic of Capricorne*
Traducción de Carlos Manzano

Licencia editorial para BIBLIOTEX, S. L.
Traducción cedida por Plaza & Janés Editores, S. A.
© 1961, The Estate of Henry Miller
© 1999 UNIDAD EDITORIAL, por acuerdo con Bibliotex, S. L. para esta edición

Diseño cubierta e interiores:
ZAC diseño gráfico
Ilustración:
Eva Navarro Quijano

Impresión y encuadernación:
Printer, Industria Gráfica, S. A.
ISBN: 84-8130-127-2
Dep. Legal: B. 22.230-1999

[redacted]

Este libro consta de 279 páginas

Ficha bibliográfica APA

Ficha bibliográfica MLA

Ficha bibliográfica ML

2.

Grupo Editorial Multimedios
MILENIO MILENIO DIARIO
Público LA OPINION EL DIARIO DE TAMPICO

La viuda de las montañas
Título original:
The Highland Widow
Traducción: Raquel Luzárraga Alonso de Ilera
Licencia editorial para Bibliotex, S. L.
Diseño portada: NEW COLOR BOOK
Ilustración: Quim Lluis

Depósito legal: 32704-2000
Impresión y encuadernación:
Printer, Industria Gráfica, S. A.

Este libro consta de 94 páginas

Ficha bibliográfica APA

Ficha bibliográfica MLA

Ficha bibliográfica ML

3.

Grupo Editorial Multimedios

MILENIO MILENIO DIARIO

Público LA OPINION EL DIARIO DE TAMPICO

El hotel azul
Títulos originales:
The Blue Hotel
A Mystery of Heroism
The Open Boat
Traducción: Raquel Luzárraga Alonso de Ilera
Licencia editorial para Bibliotex, S. L.
Diseño portada: NEW COLOR BOOK
Ilustración: Quim Lluis

Depósito legal: 31646-2000
Impresión y encuadernación:
Printer, Industria Gráfica, S. A.

Este libro consta de 95 páginas

Ficha bibliográfica APA

Ficha bibliográfica MLA

Ficha bibliográfica ML

4.

Grupo Editorial Multimedios
MILENIO MILENIO DIARIO
Público LA OPINION EL DIARIO DE TAMPICO

La coartada perfecta
Título original: *The Perfect Alibi*
You Can't Depend on Anybody
Variations on a Game
A Safety in Numbers
Sauce for the Goose
Traducción: Domingo Santos
Licencia editorial para Bibliotex, S. L.
© 1956, 1957, 1972, 1973, 1989, Patricia Highsmith

Diseño portada: NEW COLOR BOOK
Ilustración: Quim Lluis

Depósito legal: 31645-2000
Impresión y encuadernación:
Printer, Industria Gráfica, S. A.

Este libro consta de 96 páginas

Ficha bibliográfica APA

Ficha bibliográfica MLA

Ficha bibliográfica ML

5.

MILLENIUM

Grupo Editorial Multimedios

MILENIO MILENIO DIARIO

Público LA OPINION EL DIARIO DE TAMPICO

Colección Millenium
las 100 joyas del milenio

[redacted]

Hamlet, príncipe de Dinamarca
Título original: *Hamlet, Prince of Denmark*
Traducción de Luis Astrana Marín

Diseño cubierta e interiores:
ZAC diseño gráfico
Ilustración:
Javier Vellés

Impresión y encuadernación:
Printer, Industria Gráfica, S. A.
ISBN: 84-8130-112-4
Dep. Legal: B. 17.726-1999

[redacted]

Este libro consta de 127 páginas

Ficha bibliográfica APA

Ficha bibliográfica MLA

Ficha bibliográfica ML

6.

Grupo Editorial Multimedios

MILENIO MILENIO DIARIO

Público LA OPINION EL DIARIO DE TAMPICO

Colección Millenium

las 100 joyas del milenio

[redacted]

El gran Gatsby
Título original: *The Great Gatsby*
Traducción de E. Piñas

Licencia editorial para BIBLIOTEX, S. L.
© Herederos de F. Scott Fitgerald
© 1999 UNIDAD EDITORIAL, por acuerdo con Bibliotex, S. L. para esta edición

Diseño cubierta e interiores:
ZAC diseño gráfico
Ilustración:
Cristina García

Impresión y encuadernación:
Printer, Industria Gráfica, S. A.
ISBN: 84-8130-113-2
Dep. Legal: B. 17.727-1999

[redacted]

Este libro consta de 191 páginas

Ficha bibliográfica APA

Ficha bibliográfica MLA

Ficha bibliográfica ML

7.

Grupo Editorial Multimedios
MILENIO MILENIO DIARIO
Público LA OPINION EL DIARIO DE TAMPICO

Primer amor
Título original: **ПЕРВАЯ ЛЮБОВЬ**
Traducción de Isabel Vicente,
cedida por ACENTO EDITORIAL, S. A.
Licencia editorial para Bibliotex, S. L.
Diseño portada: NEW COLOR BOOK
Ilustración: Quim Lluis

Depósito legal: 32703-2000
Impresión y encuadernación:
Printer, Industria Gráfica, S. A.

Este libro consta de 93 páginas

Ficha bibliográfica APA

Ficha bibliográfica MLA

Ficha bibliográfica ML

Intrucciones.

A continuación se presentan reproducciones de publicaciones periódicas, en cada una seleccione los datos necesarios y elabore la ficha hemerográfica, de acuerdo con las normas establecidas en los modelos editoriales APA, MLA y ML.

1.

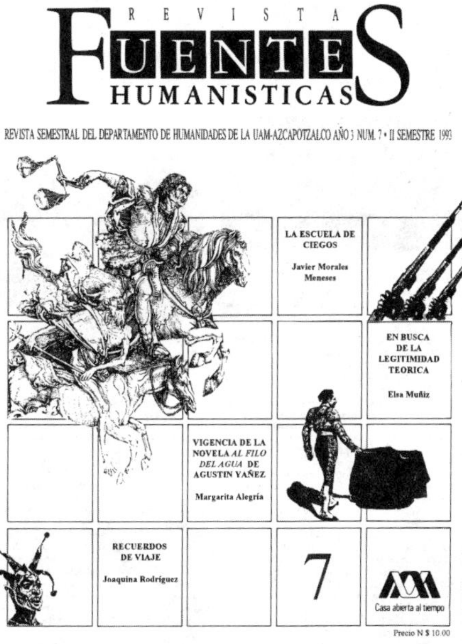

FUENTES HUMANISTICAS 31

LA ESCUELA DE CIEGOS

Javier Morales Meneses *

DURANTE el gobierno del presidente Benito Juárez, en el periodo conocido como La República Restaurada, el licenciado Ignacio Trigueros concibió la idea de establecer una escuela para ciegos en la ciudad de México. Se basaba en el ejemplo del francés Valentin Haüy quien, en 1745, fundó en Francia la primera escuela para invidentes.

La causa que motivó a Trigueros a fundar esta escuela fue probablemente que en su desempeño de varios cargos públicos, entre ellos el de alcalde municipal de la ciudad de México, tuvo contacto casi directo con la miseria que sufrían los inválidos. En esos años y "para socorro de los mendigos varones se creó un asilo, primero bajo la dependencia de la Secretaria de Gobernación y luego del Ayuntamiento, en él se dio ropa, alimentos, cama y asistencia médica a los pordioseros inválidos, que eran recogidos de las calles por una comisión especial. Una vez allí, los médicos municipales los reconocían escrupulosamente a fin de separar los inválidos de los ociosos y holgazanes, los primeros se quedaban en el asilo y los segundos iban a la cárcel".[1]

Ante esa problemática, Trigueros se percató de que los minusválidos podrían recibir alguna educación y que en ese asilo general nunca lo tendrían; tal vez este fue el motivo para que el personaje mencionado interviniera en la fundación de la Escuela de Sordo-Mudos en 1867 y posteriormente fuera el elemento principal para el establecimiento de la Escuela de Ciegos (1870).

La ideología liberal imperante consideraba que la educación era el camino para la realización individual y que, en conjunto, contribuiría al progreso y consolidación del país. Bajo ese tenor la capacitación e instrucción de los invidentes era importante para tratar de integrarlos a la sociedad, aprovechando sus capacidades manuales e intelectuales.

Trigueros fundó la escuela sufragando él mismo los gastos. Las primeras instalaciones estaban ubicadas en unos cuartos del extinto Colegio de San Gregorio, donde anteriormente también se instaló la Escuela de Sordo-Mudos, previo arreglo con el encargado del colegio, José María Sayas. Los cuartos no llenaban los requisitos por lo que los ministros de Justicia e Instrucción Pública y de Gobernación, Ramón I. Alcáraz y José M. Castillo Velasco, respectivamente, intercedieron ante el presidente Juárez, quien cedió el 15 de mayo de 1871 parte del antiguo Convento de la Enseñanza. Una descripción de la época lo pinta así: "El edificio es amplio, su entrada elegante con pavimento de mármol y una hermosa puerta de hierro la cual tiene como principal adorno el ojo de la providencia".[2]

La escuela empezó a funcionar pagando sus gastos con los fondos provenientes del 15 por ciento de una lotería pública que el presidente Juárez y la Secretaria de Gobernación dispusieron que se le entregara por conducto de la Beneficencia Pública. El mayor problema era que en México no había nadie con conocimientos del sistema de enseñanza Braille; por lo tanto se solicitó un preceptor a Francia, pero las exigencias que los instructores imponían para venir a México eran exageradas y Trigueros no contaba con el capital suficiente para aceptarlas. Ante ese obstáculo, el fundador decidió aprender el método Braille.

Ese hecho lo convirtió en el primer maestro de la escuela y es probable que de todo el país, lo cual da a su obra benéfica una característica particular.

Posteriormente, por su afán de instaurar una verdadera enseñanza, contrató a un maestro de primeras letras como su ayudante: el profesor Fortino Silva, quien prestaba sus servicios en el Hospicio de Pobres. Durante los siete años que duró la administración de Trigueros como director, el ingreso de alumnos aumentó; éstos no fueron llevados por el deseo de aprender, sino porque creyeron que disfrutarían de un internado gratuito en el que tendrían alimento, ropa y habitación. De lo cual inferimos que además de ser la primera escuela de este tipo, el problema de los invidentes rebasaba su capacidad y era, como muchos otros, un asunto de asistencia pública no satisfecho. El incremento en el número de alumnos tuvo como consecuencia mayor gasto, ya que los

* Investigador del Archivo Histórico de la Secretaría de Salud.

Elabore la ficha del artículo con base en el modelo editorial APA

Elabore la ficha del artículo con base en el modelo editorial MLA

Elabore la ficha del artículo con base en el modelo editorial ML

2.

HISTORIA DE LOS SECUESTROS MÁS CÉLEBRES

KIM LÓPEZ MILLS

Desde hace varias décadas el secuestro ha florecido en territorio mexicano como una industria muy lucrativa para la delincuencia organizada. En los últimos cinco años se han registrado en nuestro país más de dos mil. El botín calculado es de más de mil 867 millones de nuevos pesos.

Por lo general, las víctimas son políticos, empresarios, ganaderos, agricultores, comerciantes y miembros de familias adineradas de diferentes regiones del país. En muy pocos casos los secuestradores han sido capturados y castigados, y en ocasiones los rehenes han sido asesinados.

De acuerdo con archivos policiacos, la ola de secuestros más espectaculares se inició y floreció durante el sexenio del presidente Luis Echeverría, y la mayoría fueron originados por móviles políticos. Posteriormente, con el paso de los años, la incidencia de secuestros ha sido instigada por motivos económicos, algunas veces encubiertos por tintes políticos.

En diferentes épocas y en diversos casos las bandas de secuestradores han estado integradas por delincuentes comunes, ex policías y ex militares, así como por narcotraficantes. En otros, han habido señales sobre la participación de bandas internacionales vinculadas a grupos terroristas.

En los años 70 predominaron activistas de la Liga Comunista 23 de Septiembre como presuntos autores de una cadena importante de plagios, así como otros grupos radicales formados a raíz de la represión violenta contra el movimiento estudiantil de octubre de 1968.

Entre los secuestros más famosos en las décadas de los 70 y los 80, destacaron los siguientes:

• Mayo de 1973. Secuestro del cónsul de Estados Unidos en México, George Terrence Leonhardy, por miembros de la Liga Comunista 23 de Septiembre. Varios captores fueron encarcelados y sentenciados a más de 20 años de prisión.

• Resaltan también los secuestros del entonces secretario de Turismo, Julio Hirshfield Almada, ocurrido en el Distrito Federal; del gobernador de Guerrero, Rubén Figueroa, ordenado por el guerrillero y máximo líder del Partido de los Pobres, Lucio Cabañas; de Guadalupe Zuno, suegro del presidente Echeverría y ex gobernador de Jalisco, en Guadalajara; y el de Brianda Domecq, hija del empresario vinícola Pedro Domecq. En casi todos estos plagios se negociaron y pagaron sumas millonarias, pero en el caso de Brianda Domecq no se pagó el rescate de 115 millones de pesos que exigían los secuestradores y se logró la detención de cinco de ellos.

• Otros plagios de empresarios ocurridos en la misma década, pero que tuvieron consecuencias trágicas, fueron los del regiomontano Eugenio Garza Lagüera y del tapatío Fernando Aranguren. El secuestro y asesinato de ambos fue atribuido a la Liga 23 de Septiembre.

• Un caso sobresaliente, por la violencia utilizada por los captores, fue el secuestro y asesinato de Hugo Margáin Charles, hijo del ex secretario de Hacienda y entonces embajador de México en Estados Unidos, Hugo B. Margáin, ocurrido en agosto de 1978 en el Distrito Federal, cuando viajaba en su automóvil en compañía de sus guardaespaldas. La Liga Comunista 23 de Septiembre se adjudicó el secuestro de Margáin Charles y pidió un millonario rescate. Los responsables del rapto y posterior muerte por hemorragia del director de Investigaciones Filosóficas de la Universidad Nacional Autónoma de México, fueron detenidos y finalmente sentenciados a más de 30 años de prisión.

• El 11 de agosto de 1976, semanas después de que el presidente José López Portillo tomara posesión, su hermana, Margarita López Portillo, se vio envuelta en un intento de secuestro y posible asesinato, pero fue salvada por dos de sus guardaespaldas, quienes se enfrentaron a tiros con los agresores. El líder del operativo violento y destacado miembro de la Liga Comunista 23 de Septiembre, David Jiménez Sarmiento, murió en el enfrentamiento.

• Aparentemente por el viejo reclamo del rescate del ex gobernador de Guerrero, Rubén Figueroa (quien había sido secuestrado casi 11 años antes y liberado mediante la suma de 50 millones de pesos), presuntos militantes del Partido de los Pobres secuestraron el 10 de julio de 1985 a Arnoldo Martínez Verdugo, miembro de la Comisión Política y candidato a la Presidencia de la República por el Partido Socialista Unificado de México.

• A mediados de 1987 dos industriales textiles, miembros de la comunidad judía en México, Simón Askenazi, de 29 años, y Abraham Kanner, de 80, fueron secuestrados en dos sucesos separados. Por el primero se pidieron 4 millones de dólares, pero se negoció el pago de un millón 200 mil dólares. Por el segundo se pagaron los 3 millones de dólares que exigían sus captores.

• A principios de julio de 1988 fue secuestrado el caballista Fernando Senderos, hijo del ex banquero Manuel Senderos, principal accionista del grupo DESC, propietario de Resistol y amigo del presidente Carlos Salinas de Gortari. Se logró su libertad luego de que su familia pagó un rescate de 9 millones de dólares.

• En marzo de 1989 fue secuestrado el industrial Jesús Chacón por varios sujetos que interceptaron su vehículo en el Distrito Federal. El cuerpo del industrial, de 68 años, fue hallado el 26 de mayo en el Estado de México. Al parecer, fue sacrificado cuando los secuestradores se percataron de la presencia de la policía en los momentos en que se disponían a cobrar el rescate. Los presuntos responsables fueron encarcelados.

Entre 1989 y finales de 1993 han sido denunciados más de 2 mil secuestros en todo el país, de los cuales el 60 por ciento no ha sido resuelto. Predominan los secuestros de empresarios, ganaderos, agricultores y hoteleros. Por su libertad se han pedido cantidades millonarias, en nuevos pesos y en dólares. Algunos plagiarios, luego de cobrar el rescate, han asesinado o desaparecido a sus víctimas.

En pocos casos han sido detenidos policías y ex policías. También han participado extranjeros y miembros de algún grupo guerrillero, aunque en ningún caso se han hecho reivindicaciones políticas.

• En agosto de 1990 fue secuestrado el empresario Juan Bosco Gutiérrez Cortina, hijo de Antonio Gutiérrez Prieto, cabeza del consorcio GUTSA, uno de los grupos más importantes en el ramo de la construcción. Nadie reivindicó el secuestro. Se supo que una de las últimas llamadas de los secuestradores provino de Brasil y pedían 15 millones de dólares. Extraoficialmente se supo que el pago del rescate fue de 5 millones de dólares. En este caso, Gutiérrez Cortina había estado oculto en el clóset de una casa en

Elabore la ficha del artículo con base en el modelo editorial APA

Elabore la ficha del artículo con base en el modelo editorial MLA

Elabore la ficha del artículo con base en el modelo editorial ML

3.

Humanismo y Antihumanismo

Mauricio Lugo Vázquez*

> El humanismo consiste en querer cambiar el sistema ideológico sin tocar la institución; el reformismo, en cambiar la institución sin tocar el sistema ideológico. Por el contrario, la acción revolucionaria se define como un quebrantamiento simultáneo de la conciencia y de la institución: lo cual supone un ataque a las relaciones de poder de las que son instrumento y armadura.
>
> Foucault

Todos y cada uno de los artículos reunidos en el libro *Humanismo* *en el umbral del tercer milenio* son de una calidad excepcional. Cada uno, a su manera, nos permite abordar el tema del humanismo desde muy distintos y variados ángulos. Ya se trate ahora de la precisión del concepto, ya se busque más bien mostrar el suelo histórico en el que reaparece el término, o ya se intente problematizar la noción misma de humanismo, el presente texto ofrece al estudioso del tema una oportunidad excelente para ahondar en el mismo.

Dada la riqueza y densidad de contenido de cada uno de los artículos se me presentaban dos alternativas en la presentación del libro: hacer un comentario general sobre el texto -con el consabido riesgo de ser poco profundo en el análisis-, o tomar uno de los artículos e intentar un estudio más minucioso del mismo, lo que implicaba, claro está, perder de vista la visión de conjunto. Por razones de tiempo, por la manera a la que estoy acostumbrado a trabajar, he optado por la segunda opción. Así que me abocaré al análisis del artículo "*Humanismo, antihumanismo y utopía*".

He elegido este artículo porque aborda un tema, a mi parecer, de vital importancia al interior de la reflexión filosófica contemporánea: la polémica *humanismo-antihumanismo*; porque además en su tratamiento, la autora, Yolanda Ángulo, no cae en la trampa de las críticas pueriles, superficiales e incluso infantiles con las que ha sido tratado regularmente al antihumanismo; y, por último, he elegido este artículo por una simple cuestión de gusto: fue el artículo que más me gustó.

En su ensayo, la autora nos recuerda que la palabra *humanismo* "ha recorrido un largo camino, ha navegado muchas aguas y jugado en muchos juegos". Ciertamente, a lo largo de la historia la palabra *humanismo* ha tenido múltiples significaciones, ha estado inscrito en diversos contextos históricos y ha sido el parapeto de las más variadas prácticas.

Baste recordar, por ejemplo, cómo en la época antigua la palabra *humanitas* está estrechamente vinculada con la paideia griega e inmersa, por consiguiente, en una práctica educativa. Por cierto, es Cicerón el que emplea el término *humanitas* para designar la paideia griega. La palabra *paideia* define asimismo un espacio cultural en cuyo interior la ciudadanía es heredada de un patrimonio de valores éticos e intelectuales.

Si contraponemos la manera como Homero y Platón conciben la práctica educativa, se pone de manifiesto que mientras Homero opta por una pedagogía del ejemplo, en Platón, por el contrario, la paideia es sustancialmente dialéctica, esto es, tiene como fin engendrar lo humano a través del diálogo. Pero en Platón la paideia siempre mira en dirección del *Agathos*, es decir, del Bien supremo. La paideia adquiere, por tanto, un contenido inexorablemente moral que la va a acompañar mucho más allá de sus límites históricos. Como bien apunta Nietzsche, en el trasfondo de todas las empresas y construcciones que la cultura occidental ha realizado prevalece siempre el punto de vista moral.

* Profesor de Filosofía en la BUAP

El presente ensayo fue escrito con motivo de la presentación del libro ***Humanismo en el umbral del tercer milenio***, publicado por la editorial Santillana y la Universidad del Tepeyac, y que reúne los trabajos expuestos en la Universidad del Tepeyac durante la "Jornada de Reflexión Filosófica" que se organizó con motivo del advenimiento del Tercer Milenio y del 25 aniversario de dicha Universidad.

Elabore la ficha del artículo con base en el modelo editorial APA

Elabore la ficha del artículo con base en el modelo editorial MLA

Elabore la ficha del artículo con base en el modelo editorial ML

4.

CLINTON VS. STARR

THERE'S SOMETHING ABOUT LINDA

Tripp may have helped trigger the Lewinsky scandal, but tales of her manipulations may now be key to Clinton's counterattack

By ERIC POOLEY

NOTES FOR A BOOK PROPOSAL: *How to Bring Down Bill Clinton*, by Linda R. Tripp. *Part 1: Befriend a young woman who has caught the President's wandering eye.* "Tripp advised Lewinsky that she was the kind of woman the President would like, and an affair with the President would be a neat thing to tell her grandkids," according to an FBI report prepared for Ken Starr. Then she discovered that Lewinsky and Clinton were already involved. "Tripp kept hounding Lewinsky until Lewinsky finally said, 'Look, I've already had an affair with him and it's over,'" the report said.

Part 2: Fuel Monica's obsession with Clinton—and get the evidence. Tripp coached Lewinsky in her campaign to rekindle the affair, secretly tape-recorded her confessions and got her to document her encounters and preserve crucial evidence. Claiming she was good at identifying "patterns" in relationships, Tripp had Lewinsky create a spreadsheet detailing her visits and phone calls with Clinton. She talked Lewinsky out of having the semen-stained dress cleaned, telling her not to wear it because it made her "look fat," and advising her to lock it in a safe-deposit box because "it could be evidence one day," according to Lewinsky. "And I said that was ludicrous." Tripp helped her compose letters to Clinton and sent her e-mail messages praising a tie she had given him ("stupendous, no kidding, clean, crisp, texture, color, pattern, bright, without being at all over the top") and a valentine Monica placed in the Washington *Post*.

Part 3: Set the trap. In October Tripp told Lewinsky that a friend at the White House had heard rumors about Monica and thought she should "get out of town" and that Clinton should find her a job. "They create jobs at the White House, you know, six days a week," Tripp quoted the friend as saying. And Tripp apparently planted the idea with Monica that Clinton should get lawyer Vernon Jordan to find the job for her. Lewinsky told FBI agents that Tripp had suggested it. Monica later testified that "I know I had discussed [Jordan] with Linda. Either I had had the thought, or she had suggested Vernon Jordan would be a good person who is a close friend of the President and has a lot of contacts in New York."

Part 4: Push for a quid pro quo. When the job hunt was on, Tripp made Lewinsky promise not to sign a Paula Jones affidavit denying sex until her new position was locked up—"because if you sign the affidavit before you get the job, they're never going to give you the job." Had Lewinsky taken her advice, it would have looked like an explicit deal—lies in exchange for employment—when in fact Lewinsky started asking Clinton for job help months before she knew she was a Jones-team target. But here's a neat plot twist: Lewinsky says she lied to Tripp about the affidavit, pretending not to sign it because she hoped to keep Tripp on her side. Monica also says she lied to Tripp about the alleged cover-up, telling her that both Clinton and Jordan had urged her to lie about the affair—which she now says they never explicitly did.

Part 5: Contact the special prosecutor. When Tripp went to Starr, she repeated those crucial lies, which must have made the prosecutor salivate, because this appeared to be just the kind of obstruction case that had eluded him during his long investigation of Clinton. Starr already suspected that Jordan had arranged consulting contracts for Clinton crony Webster Hubbell in exchange for Hubbell's silence in the Whitewater probe. The Monica job hunt fit the same pattern—and Starr used it to help persuade Attorney General Janet Reno to let him probe the Lewinsky affair. But as Lewinsky tells it, the job search appears to have been Tripp's idea, not Clinton's. And it was Tripp who helped set up Clinton for perjury—now at the core of Starr's case—by briefing a Jones lawyer about the affair on the eve of the President's testimony.

This, the Democrats' best-case scenario for making Tripp the main villain in the Lewinsky-Clinton saga, is based on new details buried in the 3,183 pages of evidence released last week by the House Ju-

UP NEXT, MORE RAW DATA

BETTY CURRIE
Did the President's secretary clam up after traveling with the Clintons to Africa?

VERNON JORDAN
Will the new information show that the influential lawyer stood by the President?

14

Illustration for TIME by Tim O'Brien

Elabore la ficha del artículo con base en el modelo editorial APA

Elabore la ficha del artículo con base en el modelo editorial MLA

Elabore la ficha del artículo con base en el modelo editorial ML

5.

Cuba-México, el diferendo

Las razones ocultas y las negociaciones secretas

por Carlos Marín

El presidente Vicente Fox declaró que el jefe de gobierno cubano, Fidel Castro, en la Cumbre de Monterrey, pronunció "... un discurso que no cambia desde hace 50 (*sic*) años".

Dijo también que el intempestivo retorno del visitante a su país lo sorprendió, debido a que Fidel había anticipado una estancia por tiempo "muy corto".

El *desliz* de su opinión acerca del discurso se lo dijo a Sergio Sarmiento para TV Azteca, y lo de la brevedad del viaje a Jorge Fernández Menéndez para CNI Canal 40.

Otro funcionario cubano, de aparente rango "medianón" pero clave en lo que se refiere a la propalación de lo que quiere decir el gobierno de Fidel Castro, dijo a Ciro Gómez Leyva y Verónica Ortiz, en Radio Fórmula (*MILENIO Diario* del jueves 28 de marzo):

"Estábamos esperando de Castañeda que se llenara de suficiente pantalón (*sic*) y fuera lo suficiente macho (*sic*) y dijera en realidad lo que había ocurrido..."

Se trata del subdirector de *Granma*, el órgano oficial del Partido Comunista de Cuba, Miguel Comellas.

En ese periódico, el martes 26 de marzo, se desbordó la enorme irritación de Cuba contra México, que el día anterior se había asomado en *Juventud Rebelde*, donde se acusó al gobierno de Vicente Fox de haberse prestado a realizar un trabajo "servilista" al de Estados Unidos.

En menos de una semana, las autoridades cubanas habían ido del sorpresivo y misterioso *fidelazo* en La Sultana, a la imputación (en abstracto y sin nombres) de que las mexicanas habían sido instrumento de presión por parte de la Casa Blanca. Y terminaron por abrir fuego:

Afirmaron que el "mentiroso" secretario de Relaciones Exteriores de Fox, Jorge G. Castañeda, había recibido "entrenamiento guerrillero" en la isla, y al petulante *Güero* lo sumergieron en un caldo de insultos que incluyó condimentos tales como "baboso", "maquiavélico", "maniobrero", "provocador", "intolerable", "cínico" y "siniestro".

Más audaz (y *fidelista* que Fidel), el segundo responsable de *Granma*, aderezó el potaje con una inaudita descripción: "de diplomático no tiene nada; es un bebedor de vino y presuntuoso que usa camisas afeminadas y perfumes afeminados".

El canciller mexicano —concluyó su "denuncia" el homofóbico y lenguaraz funcionario— "no es macho".

Muy atrás quedaba el incidente poco diplomático, descarado, ofensivo e insolente, en que Castañeda empezó a volver incontinente la animadversión del gobierno de Fidel Castro, cuando al embajador Jorge Bolaños y al canciller Felipe Pérez Roque sorrajó (el año pasado) el memorable "ardidos" que zarandeó durante varias semanas las relaciones. Pero a ninguno de ellos, en apego a la verdad verificable, lo había *tundido* de la manera como esta vez experimentó en sí mismo.

Otra osadía "castañedesca" (en realidad "foxiana") fue la de afirmar, a principios de este año, que "se acabaron" las relaciones con la Revolución Cubana para establecerse con Cuba. La idea parte de la multiplicada convicción del Presidente y su canciller de que ni la Revolución Cubana representa a todos los cubanos ni Fidel Castro "encarna" a su nación.

Activado el explosivo de hace una semana, la televisión isleña se sumó al linchamiento de Castañeda, como también se había sumado en México una tumultuosa y promiscua parte de la cada vez menos identificable "izquierda", frente a la cual contrastan de manera relevantes las posturas del escritor Carlos Monsiváis, el "políticamente incorrecto" filozapatista que no tiene empacho en señalar que Castro es "un dictador", o de su adversario de menor pedigrí pero escritor también, Luis González de Alba, el ex dirigente sesentayochero que junto con muchos otros padeció la represión política y el encarcelamiento vil bajo el gobierno de Gustavo Díaz Ordaz.

A la cargada mexicana debe añadirse el oportunismo de legisladores y legisladorsetes priistas, perredistas que, casi lograron distraer la indecente secuela de sus elecciones internas (plagadas de *cochinadas*), al hacer su denodado esfuerzo por convencer a los escépticos de su genética vocación de "revolucionarios".

En realidad, cubanos y mexicanos pretendieron eludir el dato vertebral de que la política exterior es responsabilidad del presidente de la República y no, como diría en despreciativa pero certera frase el ex presidente Ernesto Zedillo, de uno de sus "empleados".

Cubanos y mexicanos intentan centrar en el soberbio y desdeñoso Castañeda el disgusto que provoca su afamadísima actitud mamona, esquivando las razones ocultas y de fondo de la muy entretenida confrontación.

Desafortunadamente para una de las partes, ya "calientes", los cubanos abrieron un flanco extremadamente delicado: contra

28 • Abril 1 de 2002

Elabore la ficha del artículo con base en el modelo editorial APA

Elabore la ficha del artículo con base en el modelo editorial MLA

Elabore la ficha del artículo con base en el modelo editorial ML

6.

Negocios

LOS CETES a 28 días bajaron 1.27 puntos porcentuales y pagarán 6.21% anualizado, el nivel más bajo del año. Registran precios del petróleo su nivel más alto en seis meses

3.13% NASDAQ | 0.75% IPC | $9.10 DÓLAR

REVISAN CRECIMIENTO AL ALZA ANALISTAS PRIVADOS 29

MÉXICO, 30

JALÓN DE OREJAS del CCE 31

MILENIO Diario

MÉXICO · MIÉRCOLES 3 · ABRIL · 2002 AÑO 3 · NÚMERO 824

Desde el *toallagate*, Presidencia no informa de sus compras

POR GEORGINA MORETT

Compranet, el sistema que se convirtió en la bandera de la transparencia foxista, tiene deficiencias e incumplimientos y, por ejemplo, la Presidencia de la República no ha informado de ninguna compra por adjudicación directa desde el 5 de mayo de 2001, después del escándalo del *toallagate* que *MILENIO Diario* publicó en una investigación de la reportera Anabel Hernández.

Hasta mayo de 2001, la Presidencia reportó 21 contratos por diferentes servicios, sin embargo no hay información de los meses posteriores, ni siquiera de los gastos de telefonía, a pesar de que el acuerdo del 9 de agosto de 2000 donde se enumeran las disposiciones para el uso de Compranet, establece que todas las dependencias deberán informar mensualmente sobre sus adquisiciones.

La Presidencia de la República, en cambio, sí ha informado de las compras indirectas (licitaciones), pero éstas no tienen la obligación de reportarse mensualmente.

Compranet es un servicio para iniciados porque no es fácilmente accesible. Su director, Carlos Jaso García, reconoció que no está hecho para que sea consultado por los ciudadanos, sino por los proveedores que tienen negocios con las dependencias públicas. 4

Presentó Barrio a Fox su informe anticorrupción 5

Elabore la ficha del artículo con base en el modelo editorial APA

Elabore la ficha del artículo con base en el modelo editorial MLA

Elabore la ficha del artículo con base en el modelo editorial ML

Instrucciones:

A continuación se presentan reproducciones de artículos de la Internet. Seleccione de cada uno los datos necesarios y elabore la ficha de la fuente electrónica de acuerdo con las normas establecidas en los manuales APA, MLA y ML.

CENTRO DE INFORMACIÓN DE LAS NACIONES UNIDAS PARA MÉXICO, CUBA y REPÚBLICA DOMINICANA

"DÍA MUNDIAL DE LA LIBERTAD DE PRENSA"

3 de mayo

DÍA MUNDIAL DE LA LIBERTAD DE PRENSA

Comunicado de prensa

DÍA MUNDIAL DE LA LIBERTAD DE PRENSA: ENFOQUE ESPECIAL SOBRE LOS CRÍMENES IMPUNES CONTRA PERIODISTAS

París, marzo 1999 - La UNESCO celebrará el Día Mundial de la Libertad de Prensa, el 3 de mayo con una serie de eventos en Bogotá, Colombia, y en el mundo entero dando enfoque al tema de este año: la impunidad de la mayoría de los crímenes cometidos contra periodistas y profesionales de la información.

Este problema es particularmente serio, ya que en muchos países del mundo, el asesinato, la violencia y la intimidación son utilizados como armas para silenciar a los periodistas, y la mayoría de estos crímenes permanecen impunes. El récord de 1998 es impresionante: por lo menos 20 periodistas muertos en ejercicio de su profesión. En total, más de 500 periodistas han sido asesinados en los últimos diez años. A estos crímenes se le suman los innumerables actos de violencia contra los profesionales de la información: detenciones arbitrarias, amenazas, agresiones, acosos y hasta torturas. América Latina y las zonas de conflicto armado son las regiones más peligrosas para la profesión.

Este problema ha llevado a los Estados Miembros de la UNESCO a adoptar una resolución durante la última Conferencia General de la Organización (noviembre 1997) llamando a tomar las "medidas necesarias para adoptar el principio de que no se prescriben los crímenes cuando son perpetrados para impedir el ejercicio de la libertad de información; ( ) posibilitar el procesamiento y condena de los autores intelectuales de los asesinatos de quienes están ejerciendo el derecho a la libertad de expresión; (asegurarse que) los responsables de los delitos contra periodistas deban ser juzgados por tribunales de derecho común u ordinarios".

La violencia contra los periodistas es el tema principal del mensaje lanzado por el Secretario General de las Naciones Unidas, Kofi Annan, el Director General de la UNESCO, Federico Mayor y el Alto Comisionado para los Derechos Humanos, Mary Robinson, para el Día Mundial de la Libertad de Prensa. En él, los tres reconocen la contribución esencial de la profesión a la libertad de expresión y a la democracia.

Bogotá, capital de Colombia, ha sido elegida como sede del evento principal del Día Mundial: la ceremonia de entrega del Premio UNESCO/Guillermo Cano de Libertad de Prensa de 1999, otorgado al periodista y editor mexicano Jesús Blancornelas, que ha denunciado la corrupción en su semanario Zeta y ha luchado por la libertad de prensa a través de la

http://www.un.org.mx/cinu/multi/prensa/prensa4.htm

Elabore la ficha del artículo con base en el modelo editorial APA

Elabore la ficha del artículo con base en el modelo editorial MLA

Elabore la ficha del artículo con base en el modelo editorial ML

ETA: el asesinato como argumento

España ve alterada ocasionalmente su convivencia por la actividad terrorista de unos pocos que agrupados bajo las siglas de ETA han empleado el asesinato como medio de chantaje a la sociedad española. ETA no hace caso del rechazo mayoritario de los ciudadanos. No respeta la esencia misma de la Democracia donde deben convivir todo tipo de ideologías sin que ninguna se imponga por la violencia sino por el respaldo de los votos en las urnas.

ETA nació con un objetivo para el País Vasco: conseguir su independencia. Pero las siglas de ETA (Euskadi ta Askatasuna) no surgen hasta 1959, fecha de su fundación. Pronto, en sus escritos empezó a aparecer la expresión "lucha armada" para conseguir su meta. El primer crimen de ETA se produce el 7 de junio de 1968 al asesinar al guardia civil de tráfico **José Pardines.**

Con la llegada de la democracia, el Gobierno salido de las urnas dio un paso muy importante en el proceso de concordia y convivencia de todos los españoles, aprobando el 15 de octubre de 1977 una amnistía general, de la que se beneficiaron los miembros de ETA. Poco después, el 6 de diciembre de 1978, los españoles aprobaban mediante referéndum la Constitución, que recoge en su artículo 15, la abolición de la pena de muerte.

Sin embargo, ETA no sólo no abandonó las armas, sino que intensificó su actividad criminal. Las fuerzas democráticas le han pedido constantemente que abandone la violencia y participe en el debate político. Peticiones que la banda criminal se ha negado siempre a aceptar.

Elabore la ficha del artículo con base en el modelo editorial APA

Elabore la ficha del artículo con base en el modelo editorial MLA

Elabore la ficha del artículo con base en el modelo editorial ML

LEGITIMIDAD Y LÍMITE DEL ACTUAL GOBIERNO DE COREA

Globalización del capital e inversión del ciclo económico en América Latina

Adrián Soteto Valencia*

1. Introducción.

En este trabajo adelantamos la hipótesis de que América Latina y México, en tanto economías dependientes, ingresaron en un largo periodo de crisis permanente exacerbada por la aplicación de las políticas económicas del neoliberalismo en el contexto de la globalización económica. Que esta crisis es resultado del agotamiento del patrón de acumulación que surgió en la posguerra, así como de la búsqueda por el capital y el Estado de un nuevo "patrón de reemplazo". Subsidiariamente, también como hipótesis preliminar, contemplamos dicha crisis a la luz de la teoría marxista del ciclo largo y de lo que denominamos *inversión del ciclo económico*, cuya característica más sobresaliente está signada por la relación inversa que se ha establecido entre crecimiento económico y déficit de la cuenta corriente de la balanza de pagos.

En el primer apartado realizamos algunas consideraciones acerca de la teoría del ciclo largo y sus implicaciones para América Latina. En seguida, señalamos algunas elementos de la crisis latinoamericana que conducen al proceso de inversión económica, entre ellos el desequilibrio causado por el endeudamiento externo y la propensión de la política economía neoliberal por especializar los sistemas productivos y atender preferentemente los mercados externos, fenómeno que presupone un intenso proceso de concentración y centralización de capital. Por último, exponemos brevemente la incompatibilidad que se establece entre proceso de desarrollo y déficit.

2. El carácter de la crisis.

La concepción marxista de los ciclos largos, útil como herramienta metodológica para el estudio a largo plazo del desarrollo capitalista sostiene que "En una fase de expansión, los periodos de auge cíclico serán más largos y más intensivos, y las crisis cíclicas de sobreproducción serán más cortas y superficiales. Inversamente, en las fases de la onda larga en la que la tendencia al estancamiento prevalece los periodos de auge serán menos febriles y más breves, mientras que los periodos de crisis ciclicas de sobreproducción serán, por contraste, más largos y profumdos".

La teoría del ciclo largo distingue una onda larga expansiva de otra depresiva cuyo interior articula varios ciclos particulares. Considerando la economía mundial en conjunto y durante el largo periodo que va de 1945 hasta la actualidad, podemos apreciar la existencia de dos ciclos largos. En el primero, se observan dos fases: una expansiva y otra depresiva. La primera arranca de la posguerra y se proyecta hasta la recesión de la economía norteamericana de 1967 y 1971, cuando se abandona el patrón oro e irrumpe la crisis de convertibilidad. La segunda (fase depresiva) va desde 1967 hasta 1982.

En ese largo periodo del ciclo largo de duración total aproximada de 38 años, se articulan tres fases cuyas características no analizamos aquí: 1967-1973, 1973-1979 y 1980-1982 con dos recuperaciones: la de 1975 y 1980.

El segundo ciclo largo, corresponde a la recuperación de la economía mundial, determinada en gran medida por el avance y arrastre de los países industrializados siendo el año 1983 el que inaugura el nuevo ciclo. Es en su interior donde se deben cotejar las crisis y recuperaciones del capitalismo tales como, por ejemplo, las de 1983-1985, de 1986 y de 1989, así como la recesión de 1990-1993 en los países industrializados.

3. Endeudamiento externo y especialización productiva.

La deuda externa y la insuficiencia para que las exportaciones financien el proceso de desarrollo, de hecho provocaron que América Latina entrara en la crisis más profunda de su historia económica moderna. Este proceso de estrangulamiento no podía sino expresarse estructuralmente en el déficit de la balanza de pagos y en la fractura de toda posibilidad de impulsar el desarrollo sin desequilibrios significativos tanto en la esfera de producción como en la de la circulación del capital. Por eso se prefirió financiar dicho déficit con recursos externos.

http://redem.buap.mx/t2_ADRIANhtm.htm

Elabore la ficha del artículo con base en el modelo editorial APA

Elabore la ficha del artículo con base en el modelo editorial MLA

Elabore la ficha del artículo con base en el modelo editorial ML

"Globalización económica y finanzas internacionales"

L. Federico Manchón C.

La sociedad mundial atraviesa un periodo de globalización. Este nombre, difundido desde fines de la decada pasada, es polisémico no sólo porque se refiere a las más diversas prácticas sociales, sino porque se trata de un neologismo que se emplea con distintos significados tanto en los debates que se desarrollan en cada una de las disciplinas sociales como en los interdisciplinarios (Ianni 1996:13). Una de esas dimensiones de la actividad social es la económica. Abordar el problema de la globalización económica en su dimensión financiera es el objetivo de este ensayo.

Recordemos brevemente, antes de comenzar, algunos acontecimientos que están vinculados a la difusión en el uso del nombre de globalización económica.

Cronológicamente, el primero fue la crisis financiera de octubre de 1987, que algunos autores atribuyeron entonces a la pérdida del control por parte de los estados del comportamiento de los mercados monetarios y financieros internacionales, cualitativamente transformados debido a la globalización financiera, que se había convertido en factor de incapacidad de cualquier regulación estatal eficaz, tanto nacional como internacional.

El segundo, pero fundamental a nuestro juicio, fue la disolución de la Unión de Repúblicas Soviéticas Socialistas en 1991, momento culminante y símbolo de la derrota en el mercado mundial de la experiencia de socialismo real, conjunción de economía centralmente planificada y democracia de partido único, que se desarrolló desde fines de la Primera Guerra Mundial, gracias al relevo de la burguesía por el proletariado en la dirección política de algunos importantes estados del sistema interestatal.

El tercer acontecimiento fue la culminación de la Ronda Uruguay y la formalización de la Organización Mundial de Comercio, instancia multinacional que, al menos formalmente, es superior al Acuerdo General de Aranceles y Comercio porque implica el compromiso de la necesaria aceptación de sus decisiones por parte de los estados miembros. En torno a la ronda Uruguay se desarrollaron una serie de tensiones entre los principales países industrializados las que, junto con el modo administrado y sujeto a acuerdos puntuales de resolución de los conflictos sobre las correspondencias de las políticas macroeconómicas de los países del Grupo de los Siete, dieron lugar al tema de qué tan compatibles eran los acuerdos multilaterales de vocación universal con los nuevos procesos de integración o el fortalecimiento de los viejos, problema que se difundió con el nombre de regionalización, gemelo del de globalización.

Hay desde luego otros importantes acontecimientos en torno al cambio de décadas como la crisis económica de 1990 y 1991, la reunificación alemana y el Tratado de Maastricht, la debacle financiera en Japón, etc. Sin embargo desde el punto de vista de la difusión del uso del nombre, así como de la problematización en los más diversos espacios sociales de los contenidos que se le atribuyen a la globalización, en particular a la globalización económica, los tres acontecimientos indicados ocupan un lugar destacado.

En la primera parte, propondremos que la globalización económica es un proceso que no conduce a la formación de la economía mundial, sino que la transforma, lo que se manifiesta en el cambio profundo de las prácticas de los agentes económicos, cambio que puede explicarse como el resultado de la tercera revolución industrial. En la segunda, consideraremos la globalización financiera como parte de la globalización económica, que se manifiesta en un cambio en las finanzas, consistente en una expansión del crédito, especialmente bajo formas parabancarias, expansión que ha profundizado la vinculación directa de los mercados financieros internacionales y facilitado la transición en curso. En la tercera, de conclusiones, proponemos que la globalización económica y la globalización financiera en particular, si bien amenazan ciertas formas de relación entre la economía y el estado, lo que se ha manifestado en un proceso de desregulación, no amenazan en general la injerencia que en la economía supone la regulación estatal, nacional e internacional. La desregulación ha dado paso a una etapa de reregulación, en la que actualmente nos encontramos.

1. La última globalización de una economía global.

Para un acercamiento inicial al uso del nombre de globaiización económica es indispensable saber si se lo utiliza para designar un proceso de constitución de la economía mundial o si, por el contrario, se lo usa para designar al proceso de cambio que sufre una economía global plenamente constituida.

http://redem.buap.mx/t2_manchon.html

Elabore la ficha del artículo con base en el modelo editorial APA

Elabore la ficha del artículo con base en el modelo editorial MLA

Elabore la ficha del artículo con base en el modelo editorial ML

Tema: Modelo latino

Instrucciones:

Escriba el significado de las siguientes abreviaturas:

et al.

sic.

cfr.

ed.

Trad.

p.pp.

vol.

Su significado es "en la obra citada". Se emplea para referirse a la misma obra citada en una nota anterior. Se repite el nombre y el apellido del autor de la obra y, después, se escribe la abreviatura y la página en que se encuentra el texto citado.

a) loc. cit

b) Id.

c) Op. cit.

d) Ibid.

Marque con una "X" la respuesta correcta. Los datos que deben contener las notas de referencia bibliográfica integradas en el texto son:

( ) Los apellidos del autor, el año de publicación, de la obra y las páginas de donde se tomó la cita.

( ) El título del libro, su año de publicación y la descripción del tema.

( ) Los apellidos del autor, el pie de imprenta y las páginas en donde se encuentra la cita.

( ) El título del libro, el pie de imprenta y la descripción de uno de los títulos.

Tema: Las partes de un libro

Instrucciones:

Numere las partes de un libro, ordenadamente

( ) Portada

( ) Introducción

( ) Conclusión

( ) Cuerpo de la obra

( ) Notas a pie de página

( ) Página de advertencia

( ) Pie de imprenta

( ) Colofón

( ) Solapas

( ) Bibliografía

Esta obra se terminó de imprimir en el mes de
Junio de 2002, en los talleres de
Editorial Color, S.A de C.V., Naranjo 96 bis p.b.
Col. Sta. María la Ribera C.P. 06400
México, D.F. Tel: 5547- 1542

Tema: Lista Bibliográfica

Ejercicio 1

Instrucciones:

En una hoja por separado ordene alfabéticamente la siguiente bibliografía, de acuerdo al modelo editorial APA, MLA o ML. Los títulos de los artículos (de libros o periódicos) están entrecomillados y los títulos de los libros y nombre de los periódicos aparecen subrayados o en cursivas; los nombres de los autores empiezan con el (los) apellido(s) y después el (los) nombre(s); la editorial aparece después de la ciudad donde se editó el documento.

BIBLIOGRAFÍA

1. *Memorias de mis tiempos* Prieto, Guillermo. México: Patria, 1969.
2. México: UNAM, 1997. Germán, List Arzubide *Teatro Guiñol.*
3. Simmen, René. *The world of puppets.* Trad. Thomas y Crowell. USA: Library of Congress Catalogin in Publication. 1994
4. Meis Arteaga, Juana. México: Universidad Autónoma del Estado de México *Muñecos con vida.*, 1997.
5. México: UNAM, 2000. Cándano, Graciela. *La seriedad y la risa. La comicidad en la literatura ejemplar de la baja edad media.*
6. Sten, María. *El teatro franciscano.* (1957). México: UNAM.
7. México: UNAM. Reyes de la Maza, Luis. *El teatro en México en la época de Santa Anna.* 1972
8. Maria y Campos, Armando de. México: Siglo XXI. *El teatro mexicano de muñecos.*
9. "Las tareas del nuevo rector" *La Jornada*, 18 de Noviembre de 1999, pp. 5-6.
10. Castro, Miguel Ángel y Guadalupe Curiel. *Publicaciones periódicas mexicanas del siglo XIX. 1822-1855.* México: UNAM, 2001.

¿Cuál es el orden en que se debe presentar la lista bibliográfica? Escriba sólo la numeración en el renglón de abajo.

Ejercicio 2

Instrucciones:

En una hoja por separado ordene alfabéticamente la siguiente bibliografía, de acuerdo al modelo editorial APA, MLA o ML. Los títulos de los artículos (de libros o periódicos) están entrecomillados y los títulos de los libros y nombres de los periódicos aparecen subrayados o en cursivas; los nombres de los autores, empiezan con el (los) apellido(s) y después el (los) nombre(s); la editorial aparece después de la ciudad donde se editó el documento.

BIBLIOGRAFÍA

1. Breckert, Peter. "Clinton Makes Waves." *Newsweek*, 25 de julio 1998: 56-57.
2. "Pakistan." *The New Encyclopedia Britannica*, 1995.
3. "South Africa." *The World Encyclopedia of Parliaments and legislature*. 1998.
4. "¿Una ruptura con la historia?" *La Jornada*, 11 de noviembre 1999. p 5.
5. "Recent Trends in Domestic and International Terrorism." 26 de abril 1995. n.p. en línea, Internet 29 de agosto 1998. Disponible WWW:
   http://nsi.org/library/terorism/
6. Thomasson, Emma. "Muslims amgry over arrests in South Africa Bomb probe." *New York Times*. 28 Agosto 1998, Sección A 2 +
7. Azuela de Sáenz, María. "El cuarto poder medios de comunicación" *El Heraldo*. Página 12-A. 17 de junio de 1999.
8. Comincioli, Jacques. "Federico García Lorca. Un texto olvidado y cuatro documentos." *Cuadernos Hipanoamericanos*. Madrid, octubre, 1960, No. 130, pp. 25-36.
9. Ucelay, Margarita. "La problemática teatral: Testimonios directos de Federico García Lorca." *Boletín de la Fundación Federico García Lorca*. 1988-89, No. 4-6. p. 3-4.
10. Ricard, Roberto "El teatro edificante" *La conquista espiritual de México*. México: Fondo de Cultura Económica., 1977.

¿Cuál es el orden en que se debe presentar la lista bibliográfica? Escriba sólo la numeración en el renglón de abajo.